给那些（不曾保养）（未曾好好保养）（不懂如何保养）的女人

译林出版社

Contents

CHAPTER 1
测试：了解自己的肌肤

CHAPTER 2
美肤产品，选择有讲究

CHAPTER 3
对症下药，肌肤逆龄生长

CHAPTER 4
正确使用护肤品，效果翻倍

CHAPTER 5

护肤品MIX&MATCH混搭方案

CHAPTER 6

特殊时期保养心经

CHAPTER 7
四季护肤，区别对待

CHAPTER 8
细节护理，无死角护肤

CHAPTER 9
保养疑虑Q&A

CHAPTER 10
护肤达人简单速效省钱美肤诀窍

CHAPTER 1

测试：了解自己的肌肤

在护肤之前，我们首先要清楚自己的肤质，这点可是比什么都重要的，先清楚自己的毛病在哪里，才好选择适合自己的护肤品。

一般来说，皮肤分为五种类型：油性皮肤、混合性皮肤、中性皮肤、干燥性皮肤、敏感性皮肤。（典型特征会在后面的章节具体讲）

如果只看肌肤表面，会经常误判自己的肌肤特性，所以，让我们先静下心来，做做下面最专业的皮肤测试题，倾听一下我们自己肌肤的声音吧。

01 干性皮肤（Dry–D）VS. 油性皮肤（Oil–O）

通过回答这部分的问题可以准确分析出皮肤的含水状况和出油程度。研究表明，虽然许多人对于自己属于油性或干性皮肤显得很确定，但其实这些看法往往并不准确。别让自己的那些成见或其他的想法影响你的回答，只要根据实际情况来选择就对了。如果对某些问题问到的情况不确定或不记得了，请重新试验一次吧，虽然这需要些时间。

Q1. 洗完脸后的2—3小时，不在脸上涂任何产品，这时如果在明亮的光线下照镜子，你的前额和脸颊部位：

A. 非常粗糙，出现皮屑，或者如布满灰尘般的晦暗

B. 有紧绷感

C. 能够恢复正常的润泽感，而且在镜中看不到反光

D. 能看到反光

Q2. 在自己以往的照片中，你的脸是否显得光亮：

A. 从不，或你从未意识到有这种情况

B. 有时会

C. 经常会

D. 历来如此

Q3. 上妆或使用粉底，但是不涂干的粉（如质地干燥的粉饼或散粉），2—3小时后，你的妆容看起来：

A. 出现皮屑，有的粉底在皱纹里结成小块

B. 光滑

C. 出现闪亮

D. 出现条纹并且闪亮

E. 我从不用粉底

Q4. 身处干燥的环境中，如果不用保湿产品或防晒产品，你的面部皮肤：

A. 感觉很干或锐痛

B. 感觉紧绷

C. 感觉正常

D. 看起来有光亮，或从不觉得此时需要用保湿产品

E. 不知道

Q5. 照一照有放大功能的化妆镜，从你的脸上能看到多少大头针尖大小的毛孔：

A. 一个都没有

B. T区（前额和鼻子）有一些

C. 很多

D. 非常多

E. 不知道（注意：反复检查后仍不能判断状况时才选E）

Q6. 如果让你描述自己的面部皮肤特征，你会选择：

A. 干性

B. 中性（正常）

C. 混合性

D. 油性

Q7. 当你使用泡沫丰富的皂类洁面产品洗脸后，你感觉：

A. 干燥或有刺痛的感觉

B. 有些干燥但是没有刺痛感

C. 没有异常

D. 皮肤出油

E. 我从不使用皂类或其他泡泡类的洁面产品（如果这是因为它们会使你的皮肤感觉干和不舒服，请选A）

Q8. 如果不使用保湿产品，你的脸部觉得干吗：

A. 总是如此

B. 有时

C. 很少

D. 从不

Q9. 你脸上有阻塞的毛孔吗（包括“黑头”和“白头”）：

A. 从来没有

B. 很少有

C. 有时有

D. 总是出现

Q10. T区（前额和鼻子一带）出油吗：

A. 从没有油光

B. 有时会有出油现象

C. 经常有出油现象

D. 总是油油的

Q11. 脸上涂过保湿产品后2—3小

时，你的两颊部位：

A. 非常粗糙，脱皮或者如布满灰尘般的晦暗

B. 干燥光滑

C. 有轻微的油光

D. 有油光、滑腻，或者你从不觉得有必要、事实上也不怎么使用保湿产品

分值：

选A：1分，选B：2分，选C：3分，选D：4分，选E：2.5分

你的得分是：________

如果你的得分为34—44，属于非常油的皮肤；

如果你的得分为27—33，属于轻微的油性皮肤；

如果你的得分为17—26，属于轻微的干性皮肤；

如果你的得分为11—16，属于非常干的皮肤。

02 敏感性皮肤（Sensitive-S）VS. 耐受性皮肤（Resistant-R）

通过回答这部分的问题，可以准确分析出你的皮肤趋向于发生各种敏感肌肤症状的程度，所有的面疱（痤疮/痘痘）、红肿、潮红、发痒都属于皮肤的敏感症状。

Q1. 脸上会出现红色突起：

A. 从不

B. 很少

C. 至少一个月出现一次

D. 至少每周出现一次

Q2. 护肤产品（包括洁面、保湿、化妆水、彩妆等）会引发潮红、痒或是刺痛：

A. 从不

B. 很少

C. 经常

D. 总是如此

E. 我从不使用以上产品

Q3. 曾被诊断为痤疮或红斑痤疮（也称酒渣鼻：皮肤的慢性充血性疾病，通常累及面部的中1／3，特点为患部持续性红斑，常伴毛细血管扩张以及水肿、丘疹和脓疱的急性发作）：

A. 没有

B. 没去看过，但朋友或熟人说我有

C. 是的

D. 是的，而且症状严重

E. 不确定

Q4. 如果你佩戴的首饰不是14k金以上的，皮肤发红的几率：

A. 从不

B. 很少

C. 经常

D. 总是如此

E. 不确定

Q5. 防晒产品令你的皮肤发痒、灼烧、起痘或发红：

A. 从不

B. 很少

C. 经常

D. 总是如此

E. 我从不使用防晒产品

Q6. 曾被诊断为局部性皮炎、湿疹或接触性皮炎（一种过敏性的皮肤发红）：

A. 没有

B. 朋友或熟人说我有

C. 是的

D. 是的，而且症状严重

E. 不确定

Q7. 你佩戴戒指的皮肤部位发红的几率：

A. 从不

B. 很少

C. 经常

D. 总是发红

E. 我不戴戒指

Q8. 芳香泡泡浴、按摩油或是身体润肤霜会令你的皮肤起痘、发痒或感觉干燥：

A. 从不

B. 很少

C. 经常

D. 总是

E. 我从不使用这类产品（如果你不使用的原因是因为会引起以上的症状，请选D）

Q9. 有使用酒店里提供的香皂洗脸或洗澡的经历，却没什么问题：

A. 是的

B. 大部分时候没什么

C. 不行，我会起痘或发红发痒

D. 我可不敢用，以前用过，总是不舒服

E. 我总是用自己带的东西，所以不确定

Q10. 你的直系亲属中有人被诊断为局部性皮炎、湿疹、气喘或过敏：

A. 没有

B. 据我所知有一个

C. 好几个

D. 数位家庭成员有局部性皮炎、湿疹、气喘或过敏

E. 不确定

Q11. 使用含香料的洗涤剂清洗，

以及经过防静电处理和烘干的床单时：

A. 皮肤反应良好

B. 感觉有点干

C. 发痒

D. 发痒发红

E. 不确定，因为我从不用这些东西

Q12. 中等强度的运动后感到有压力或出现生气等其他强烈情绪时，面部皮肤发红的几率：

A. 从不

B. 有时

C. 经常

D. 总是如此

Q13. 喝过酒精饮料后，脸变红的情况：

A. 从不

B. 有时

C. 经常

D. 总是这样，我不喝酒就是因为这个

E. 我从不饮酒

Q14. 吃辣或热的食物/饮料会导致皮肤发红的情况：

A. 从不

B. 有时

C. 经常

D. 总是这样

E. 我从不吃辣（如果是因为怕皮肤发红请选D）

Q15. 脸和鼻子的部位有多少能用肉眼看到的皮下破裂毛细血管（呈红色或蓝色），或者你曾经为此做过治疗：

A. 没有

B. 有少量（全脸，包括鼻子有1—3处）

C. 有一些（全脸，包括鼻子有4—6处）

D. 很多（全脸，包括鼻子有7处或以上）

Q16. 从照片上看，你的脸看上去发红吗：

A. 从不，或没注意有这样的问题

B. 有时

C. 经常

D. 是这样

Q17. 人们会问你是不是被晒伤了之类的话，而其实你并没有：

A. 从不

B. 有时

C. 总是这样

D. 我总被晒伤（这可够糟糕的！）

Q18. 你因为涂了彩妆、防晒霜或其他护肤品发生发红、发痒或面部肿胀：

A. 从不

B. 有时

C. 经常

D. 总是这样

E. 我从不用这些东西（如果不用是因为曾经发生过以上症状，请选D）

分值：

选A：1分，选B：2分，选C：3分，选D：4分，选E：2.5分

注意：如果你曾被皮肤科医生确诊为痤疮、红斑痤疮、接触性皮炎或湿疹，请在总分上加5分；如果是其他科的医生（如内科医生）认为你患了上述病症，请在总分上加2分。

你的得分是：________

如果你的得分为34—72，属于非常敏感的皮肤（别着急，后面有帮助你的办法！）；

如果你的得分为30—33，属于略为敏感的皮肤（按照推荐的方法就可以变成R型的！）；

如果你的得分为25—29，属于比较有耐受性的皮肤；

如果你的得分为17—24，属于耐受性很强的皮肤（你真幸运！）。

综上，如果得分为30—68，属于敏感性皮肤（简称“敏”型或S Type）；

如果得分为17—29，属于耐受性皮肤（简称“耐”型或R Type）。

03 色素沉着性皮肤（Pigmented-P）VS. 非色素沉着性皮肤（Non-pigmented-N）

通过回答这部分的问题，可以准确分析出你的皮肤产生“麦拉宁”（melanin即黑色素）的程度。黑色素会使你受到日晒后的皮肤出现黑斑、雀斑以及一些深色区域。反过来说，黑色素的生成也是皮肤自我保护的反应，它通过使肤色变深来保护你不被晒伤。

Q1. 长过痘痘或毛发倒生后的部位会留下深棕色/黑色的印记：

A. 从不

B. 有时会

C. 经常会

D. 总是这样

E. 我从没长过痘痘或倒生的毛发

Q2. 被割伤后，棕色的印记（不是新愈合时粉色的疤）会残留多久：

A. 我不会留下棕色的疤痕

B. 1周

C. 几周

D. 好几个月

Q3. 当你怀孕、服用口服避孕药丸或其他荷尔蒙替代类药物时，脸上会长出多少深色斑点：

A. 没有

B. 1个

C. 少量

D. 很多

E. 这个问题不适用于我（因为我是男性，或者我从未怀孕或服过以上药物，或者我不确认是否有斑点）

Q4. 你的上唇或面颊有深色斑点/块吗？或者曾经有，你通过一些方法把它们除去了：

A. 没有

B. 我不确定

C. 是的，它们现在（曾经）比较

明显

D. 是的，它们现在（曾经）非常明显

Q5. 日晒之后斑点会加深吗：

A. 我没有深色斑点

B. 无法确定

C. 有点加深

D. 变深很多

E. 我整天都涂防晒霜，从不直接接触阳光（如果是因为你特别担心或曾经被晒出过斑来才这样做，请选D）

Q6. 你的面部皮肤曾经被诊断为有色素沉积或有浅/深棕/灰色斑：

A. 没有

B. 有一次，但后来消失了

C. 是的

D. 是的，而且状况严重

E. 无法确认

Q7. 脸部、前胸、后背或手臂是否有或者曾经有小的棕色斑点（雀斑或晒斑）：

A. 没有

B. 有一些（1—5个）

C. 有很多（6—15个）

D. 非常多（16个以上）

Q8. 几个月来第一次晒太阳（例如刚入春或入夏），皮肤感觉：

A. 灼热

B. 灼热然后变黑

C. 直接变黑

D. 我的肤色已经很深了，我也分不清这样是否会变得更深

Q9. 连续数天暴露于阳光下：

A. 灼热甚至起泡，但我的肤色没有什么变化

B. 肤色变深了一点

C. 肤色变深了很多

D. 我的肤色已经很深了，我也分不清这样是否会变得更深

E. 不确定（如果近期没有，可以回忆一下小时候的经历）

Q10. 日晒有没有引起雀斑（一种直径1—2mm，大头针的针尖大小的平滑的棕色斑点）：

A. 不，我从没长过雀斑

B. 每年长出一些新的

C. 经常长出新的

D. 我的肤色已经很深了，看不出是否新长了雀斑

E. 从不晒太阳

Q11. 你的父母中有人长雀斑吗？如果有，请描述程度。如果仅有一方有，请按其程度选择。如果两方都有，请根据雀斑更多的那一方的情况选择：

A. 没有

B. 有一些

C. 脸上有很多

D. 脸上、前胸、后背、颈脖、肩膀都有很多

E. 不确定

Q12. 你的天然发色是：

A. 金发

B. 棕色

C. 黑色

D. 红色

Q13. 家庭的直系亲属中是否有黑素瘤病史：

A. 没有

B. 有一个人

C. 一人以上

D. 我自己有黑素瘤病史

E. 不确定

分值：

选A：1分，选B：2分，选C：3分，选D：4分，选E：2.5分

注意：如果全身被阳光晒到的皮肤中已经出现深色斑点，总分应该加5分。

你的得分是：________

如果得分为29—52，属于色素沉着性皮肤（简称“色”型或P Type）；

如果得分为13—28，属于非色素沉着性皮肤（简称“非”型或N Type）。

04 皱纹性皮肤（Wrinkled–W）VS. 紧致性皮肤（Tight – T）

通过回答这部分的问题，可以准确分析出你的皮肤是否属于容易生出皱纹的类型，以及你现在已经出现的皱纹危机。还是一样，不要试图猜测题目背后的意图；用你认为“应该这样做”的选项作为回答，只需要如实回答你“实际是怎样做的”，就会检测出你皮肤的真实状况，也才能获得改善皮肤的真正良方。

Q1. 你现在脸上有皱纹吗：

A. 没有，即使是在做微笑、皱眉、抬眉毛这些表情的时候也没有

B. 只有当我微笑、皱眉、抬眉时才有

C. 是的，做表情时有，不调动到肌肉的部位也有少量的

D. 即使面无表情，也有明显的皱纹

在Q2—Q7中，请根据你及你的家族成员与其他任何种族的人群的比较来回答（即不要仅仅与你自己所属的种族相比，例如你是黄皮肤的亚洲人，不要只与同类的黄皮肤亚洲人比较，而应当根据你所知道的任何人种的同龄人比较）。对于你不知道情况的家族成员，尽可能问问家里的其他人或是找出照片来参考一下。

Q2. 你母亲的面部皮肤看起来：

A. 比同龄人年轻1—5岁

B. 和其他同龄人一样

C. 比同龄人年老5岁的样子

D. 老不止5岁的样子

E. 问题不适用于我，我是被收养的，或者记不清了

Q3. 你父亲的面部皮肤看起来：

A. 比同龄人年轻1—5岁

B. 和其他同龄人一样

C. 比同龄人年老5岁的样子

D. 老不止5岁的样子

E. 问题不适用于我，我是被收养的，或者记不清了

Q4. 你外祖母的面部皮肤看起来：

A. 比同龄人年轻1–5岁

B. 和其他同龄人一样

C. 比同龄人年老5岁的样子

D. 老不止5岁的样子

E. 问题不适用于我，我是被收养的，或者记不清了

Q5. 你外祖父的面部皮肤看起来：

A. 比同龄人年轻1—5岁

B. 和其他同龄人一样

C. 比同龄人年老5岁的样子

D. 老不止5岁的样子

E. 问题不适用于我，我是被收养的，或者记不清了

Q6. 你祖母的面部皮肤看起来：

A. 比同龄人年轻1—5岁

B. 和其他同龄人一样

C. 比同龄人年老5岁的样子

D. 老不止5岁的样子

E. 问题不适用于我，我是被收养的，或者记不清了

Q7. 你祖父的面部皮肤看起来：

A. 比同龄人年轻1—5岁

B. 和其他同龄人一样

C. 比同龄人年老5岁的样子

D. 老不止5岁的样子

E. 问题不适用于我，我是被收养的，或者记不清了

Q8. 在你过往所有的经历中，是否曾经在一年当中连续2周以上持续日晒？如果有，请计算一下这些时间加起来总共有多长（把你外出打网球、钓鱼、打高尔夫、滑冰/雪等等的户外活动时间都统计进去，要知道可不是只有在海滩的日光浴才属于日晒！）：

A. 从不

B. 累计1—5年

C. 累计5—10年

D. 10年以上

Q9. 在你过往所有的经历中，你是否在一年当中的无论任何季节日晒2周左右，并使皮肤颜色变深？（当然，整个夏季的外出活动都要计算在内）如果有，有多少：

A. 从不

B. 累计1—5年

C. 累计5—10年

D. 10年以上

Q10. 根据你居住的地区，你所受到的日照属于什么程度：

A. 很少量。我住的地区以阴天为主

B. 有一些。我既在鲜有日照的地方生活过，也在日照比较多的地方生活过

C. 中度的。我居住的地方日照程度中等

D. 很多。我住在热带、南方或是日照时间很长的地方

Q11. 你觉得自己看起来几岁：

A. 比同龄人年轻1—5岁

B. 和大部分同龄人一样

C. 比同龄人老1—5岁

D. 老5岁以上

Q12. 在过去5年中，你是否因为室外运动或活动有意无意地让自己的肌肤被晒黑过：

A. 没有

B. 一个月会有一次

C. 一周会有一次

D. 每天

Q13. 是否曾经尝试过或经常进行“美黑疗程”（一种通过模拟阳光来把皮肤晒成小麦色的仪器）：

A. 没有

B. 1—5次

C. 5—10次

D. 很多次

Q14. 在过去所有时间中，你抽烟（或被迫吸入二手烟）的数量：

A. 没有

B. 几包

C. 几包至很多包

D. 我每天吸烟

E. 我不吸烟，但是成长在吸烟家庭，或是与总是在我身边吸烟的人一同生活或工作

Q15. 请描述你生活的地区的污染状况：

A. 空气清洁新鲜

B. 除了一年当中的某些时候，这里的空气清洁新鲜

C. 有轻度污染

D. 重度污染

Q16. 请描述你使用下列药物（或含这些成分的护肤品）——维甲酸（即维A酸，如“维迪软膏”）、达芙文（Differin）等的时间长短：

A. 很多年

B. 偶尔用

C. 年轻长痤疮、痘痘时用过

D. 从没用过

Q17. 目前吃蔬菜水果的频率：

A. 每餐都吃

B. 一天一次

C. 偶尔吃

D. 从不吃

Q18. 从过去到现在，蔬菜水果在整个饮食中的比例（果汁不算）：

A. 75—100%

B. 25—75%

C. 10—25%

D. 0—10%

Q19. 你的自然肤色为：

A. 深色

B. 中等肤色

C. 浅色

D. 很浅

Q20. 你的种族：

A. 非洲裔美国人/加勒比人/黑人

B. 亚裔/印度/地中海人

C. 拉丁美洲/西班牙人后裔

D. 高加索人（白种人）

分值：

选A：1分，选B：2分，选C：3分，选D：4分，选E：2.5分

注意：如果你的年龄为65岁或大于65岁，总分应加上5分。

你的得分是：________

如果得分为20—40，属于紧致性皮肤（简称“紧”型或T Type）；

如果得分为41—85，属于皱纹性皮肤（简称“皱”型或W Type）。

综合以上4个部分的得分情况，你最终的皮肤分类为：

我的油/干（O/D）测试得分为______，属于______型或______Type；

我的敏/耐（S/R）测试得分为______，属于______型或______Type；

我的色/非（P/N）测试得分为______，属于______型或______Type；

我的皱/紧（W/T）测试得分为______，属于______型或______Type。

CHAPTER 2

美肤产品，选择有讲究

在这个章节里，我们主要讲到的就是正确选择适合自己的护肤品。怎样才能用最少的钱买到性价比最高的产品，这一直是众多女性的追求。市面上琳琅满目的护肤品价格不等，从几十块钱到几千块钱的都有。是不是使用的护肤品越贵效果就越好呢？答案是否定的。市面上的美肤产品琳琅满目、花样繁多，在了解了自己的肌肤后，一定还要好好了解美肤产品的成分、功效，才能有效护肤。

01 卸妆产品大PK

与其他美肤类书籍的次序不同，我想在洁面类产品之前介绍卸妆产品。因为本身就应该先卸妆再洁面。也许你会说：“我不化妆是不是这章就可以不看？”那你就错了。因为即使你不化妆，但你一定会涂防晒霜、隔离霜或是BB霜，所以也必须要使用卸妆产品。否则附着在脸上的彩妆、粉类制品，会阻塞毛孔口，造成皮肤油脂代谢上的困难，从而引发粉刺。

还会有MM说：“我真的不使用任何化妆品，只用护肤保养品哦。”但是，油性肤质或是经常在室外活动的MM，还是有卸妆的必要。其原因不纯粹是因为能清除脸上的脏污，更因为可以借卸妆的程序，把附着在毛孔口的污物去除掉，这样皮肤的洁净度，比单独只用洁面乳洗脸要好很多。

我觉得对卸妆品的要求，不能只停留在具有好的卸妆功能上，还必须考虑这些卸妆成分是否会刺激皮肤，对皮肤造成伤害。

卸妆油

不但能够迅速溶解脸上的化妆品，有时甚至连具有天然护肤功能的神经酰胺等细胞间类脂体也能一起溶解掉。因此，当你发现脸上的化妆品已经溶掉时，就应该立即进行清洗，以便最大限度保护类脂体。另外，使用卸妆油时，光把面部加水打湿，再用化妆棉蘸满卸妆液，然后在面部打圈，让卸妆液充分乳化，直到出现白色混浊物。这样做去污更彻底。

卸妆油的主要成分就是油脂，所以选择这一类制品时，要把握的重点就是——所使用的油脂是什么。至于厂商声称的营养添加物，其实没那么重要。因为使用卸妆油卸妆只是清洁肌肤的一个过程，随即就用洁面乳洗掉了。犯不着花太多的金钱在所添加的高级护肤成分上。

TIPS：卸妆油不是导致面疱生成的原因

有人说："使用卸妆油卸妆，洗完脸后，发现脸上瞬间出了更多的油，担心变成油性肌肤。"

这种担心是多余的。因为只有脸上的妆完全除去，毛孔口恢复畅通，皮肤油脂才得以顺利地推向毛孔口，分泌到皮肤表面来。经过适当卸妆后，毛孔中已经没有固化的皮肤油脂阻塞。所以，只要长期有耐心地以这种方法卸妆，就可自然地改善毛孔阻塞、皮肤粗糙、肤色暗沉的现象。

油性肤质或面疱性肌肤者，不宜使用高油脂比例的保养品，因为脸上已经有很多油脂了，再擦上去当然会增加皮肤的负担。但卸妆，只是脸部清洁的一个步骤，也就是过程而已。只要把妆清除干净，就随即洗去，并不长时间留在脸上。所以，认为"使用太油的卸妆品，容易长青春痘"的观念必须修正。

日本美容教母佐伯千津坚决反对使用卸妆油，她认为使用卸妆油后必须二次洗脸，而二次洗脸会夺走很多皮肤必需的物质，使皮肤变得脆弱、敏感，容易受伤害。另外，她认为卸妆油里加入了大量活性剂，促使水油融合，但这种活性剂和厨房里用的洗洁精没有区别，会使皮肤干燥。

教母说到的问题确实存在，但不是所有卸妆油产品都是这样，所以，MM们要尽量避免挑选含有强力清洁活性剂的卸妆油，而且在卸妆后，尽量使用温和的洁面乳。在洁面产品中，我会说到活性剂的优劣。

卸妆油小常识

辨识有效成分：

矿物油或合成酯或植物油是基本成分，还会添加少量抗氧化剂、香料、维生素E。植物油最佳，矿物油安全，合成酯的要小心选择。

有效指数：

★★★★★

卸妆效果极佳。

安全指数：

★★★★★

任何肤质的MM都适用，且长久使用不伤皮肤。

贴心蜜语

宝贝肌肤的你，乖乖地用卸妆油清洁肌肤，比花钱再做脸清洁、买高级保养品都值得。

卸妆油的正确使用方法

用手卸妆的步骤

Step1：取适量的卸妆油，用量不宜过多，否则容易因清洁不干净而阻塞毛孔，造成粉刺暗疮的形成。

Step2：干手干脸按摩1分钟，一定要让彩妆与卸妆油充分融合，然后仔细地按摩全脸，注意细小部位。

Step3：加水乳化按摩半分钟至1分钟，以打圈的形式，动作要轻柔，以免伤害皮肤。乳化完成，把肌肤深层污垢推出。

Step4：清水冲洗干净，水温在30℃左右，不要用太热的水，这样会使已经打开的毛孔持续打开，吸收污垢；也不要用太冷的水清洗，否则会令毛孔收缩，导致污垢残留在毛孔里。

使用化妆棉卸妆的步骤

Step1：将化妆棉蘸满卸妆液，覆盖眼周肌肤，轻轻沿眼部肌肤向两侧擦除眼部彩妆。

Step2：将化妆棉折叠，用棱角部分卸除眼线、顽固睫毛膏等难以卸除的细节部分。

Step3：一手按住唇角，另一只手捏住化妆棉，对唇部妆容进行细致卸除。

Step4：用打圈的方式将脸部其他部位的妆容彻底擦除，动作要轻柔。

Step5：用清水清洗。

卸妆乳、卸妆霜

乳霜制品，是使用卸妆油脂与水、乳化剂，一起乳化而成的。用这类卸妆产品卸妆时，最先接触到肌肤的是水，因此刺激比较小。并且，与卸妆油相比，这类卸妆产品所含的油分比较少，造成肌肤干燥的几率也就相对要低。不过，它们也有不足之处，就是溶解脸上的化妆品所需的时间较长。在使用这类卸妆产品时，你应该采用按摩清洁法，绝对不能求快哦。在清洁面部时，当你感到手指在脸上画圈时受到的阻碍越来越小的时候，就可以进行清洗了。

有的卸妆乳、霜，为了弥补卸妆溶解性差这一缺点，厂家在卸妆霜中加入表面活性剂辅助卸妆效果。所以MM们也要注意，看看所使用的表面活性剂是否具高刺激性。

卸妆霜/乳小常识

辨识有效成分：

基本成分是油、水、乳化剂，添加成分是表面活性剂、多元醇保湿剂、简单护肤成分等。

有效指数：

★★★★

卸妆效果适中，浓妆者较难完全卸除。

安全指数：

★★★★

安全性还是可以的，但敏感性肌肤的MM在挑选时要注意是否是碱性配方，如是请不要使用。

贴心蜜语

卸妆油、卸妆乳、卸妆霜，这三类都属于油性卸妆产品，有的MM使用后长了痘痘，那应该是成分选择错误了。

容易引发面疱生成的成分有十四酸异丙酯、十六酸异丙酯等。

卸妆凝胶

很多凝胶类卸妆制品都声称："卸完妆后，直接用水就可以把脸洗干净。"卸妆、洁面可以同一瓶办到的原因，是因为卸妆凝胶的成分里，加入了亲水性的多元醇以及与洁面乳相同的清洁成分。所以，可以在卸妆后，用水清洗掉。换言之，就是卸妆凝胶组成成分主要是多元醇和表面活性剂。但是多元醇的卸妆效果与油脂相较逊色很多，浓妆是很难靠简单的多元醇清除干净的。多元醇属于亲水性的物质，而油溶性及高附着性的粉底制品，是很难经由表面擦拭的方式去除的。只涂抹一层隔离霜或粉底液、BB霜的人，卸妆凝胶勉强可以应付，但仍建议，与油性卸妆制品交互使用，这样才可免于阻塞毛孔。

卸妆凝胶小常识

辨识有效成分：

基本成分是多元醇、水、高分子胶，添加成分可能有表面活性剂、微量碱剂助剂、有机溶剂。

有效指数和安全指数：

★★★

卸妆凝胶的有效指数和安全指数是相辅相成的。卸妆力弱者，刺激性弱；卸妆力强者，刺激性强。如果你感到对眼睛有刺激，那这款产品一定是碱剂配方。

一般肤质的人都可以选用，根据卸妆力的强弱来选择适合自己的就可以了。

贴心蜜语

凝胶类卸妆产品含油分少，比较清爽，适合化淡妆和那些正在为痘痘和粉刺烦恼的MM使用。

此外，不化妆的MM，在洗脸前，用弱卸妆力冻胶稍微按摩脸部，可以有效清除代谢性的皮肤油脂及环境中附着的脏污。

卸妆液

卸妆液分日常和强效卸妆液两种。日常卸妆液的清洁力度较低，产品的供应对象是淡妆者及不化妆者。这类卸妆液主要的成分为多元醇类。

强效卸妆液被懒猫一族奉为神器。只要轻轻一擦，脸上的眼影、口红，都可以轻易去除，BB霜及蜜粉也是很好去除的。

但请注意，看似很好用的卸妆液，所含的强效脂力溶剂能溶解掉的不只是脸上的妆，还包括皮肤上的皮肤油脂膜。皮肤油脂膜被清除掉后，虽可自行再造，但溶剂对皮肤是具有渗透性的，长久下来，细胞中毒、无再生能力，防御功能会大大降低。角质层过度角化，代谢不佳，会使皮肤加速老化，显现皱纹。所以，你不要太懒，既然愿意每天花大量时间去化妆，就该再花三分钟用油卸妆。

贴心蜜语

有很多卸妆液中加入了护肤成分——

a. 可镇静消炎的植物萃取液，如：洋甘菊、芦荟胶、罗勒、甘草、矢车菊、金缕梅等。

b. 可消炎、抗过敏的成分，如：尿囊素、甘菊蓝、甜没药萜醇。

c. 亲水性的保湿成分，如：透明质酸、PCA.NA、水解胶原蛋白、维生素原B_5等。

很多MM很容易被这些营养护肤成分误导，以为卸妆水是温和不刺激皮肤的产品。其实正因为有刺激，所以不加护肤成分不行。而卖得贵，不过是把成本转嫁到消费者身上。MM们还误以为，买“强效”，贵些是合情合理的。

深层卸妆湿巾

不含油脂成分，因此，卸妆大任又必须借助表面活性剂及有机溶剂来完成。

因为会造成皮肤刺激，所以卸妆湿巾的成分里，又像强效卸妆液一样，必须加入很多的护肤成分。而事实上，卸妆湿巾的制作，就是将准备好的棉片，以强效卸妆液浸湿而已。所以，你用的还是强效卸妆液，它的缺点和卸妆液一样，你得到的只是方便罢了。

卸妆液小常识

◇ 淡妆用卸妆液

辨识有效成分：

基本成分是多元醇类，添加成分有表面活性剂，请MM们注意千万不要挑选含有SLS这种活性剂的产品。

有效指数：

★

弱卸妆力，对油性肤质来说，这种产品是无法完全去除油性脏污的。

安全指数：

★★★★

温和不伤皮肤，中干性肤质、过敏性肤质、面疱性肤质皆可使用。

◇ 强效卸妆液

辨识有效成分：

基本成分是苯甲醇、表面活性剂、碱剂、多元醇，添加成分会有护肤剂、植物萃取液、抗炎成分、水性护肤成分。

有效指数：

★★★★

溶解型卸妆，效果快又好。

安全指数：

★★

具刺激伤害性，健康肌肤和高彩度浓妆的MM适用，但不宜经年累月使用。过敏性肌肤、面疱化脓性肌肤忌用。

贴心蜜语

强效卸妆液和卸妆湿巾，偶尔用用可以，但不能长期使用。一旦造成伤害，或形成过敏性肤质，再补救就为时已晚。尤其眼睛四周，皮肤油脂分泌不旺盛，若过度卸妆，将造成眼部皮肤干燥及过敏。

越是敏感肌或易长面疱的肌肤，越是忌讳使用快速的卸妆法，以免对皮肤造成刺激。而要选择组成单纯的卸妆品，例如纯植物油。

02 洁面：洗出清透美肌好气色

卸妆只是去除妆面污垢，而洁面才是护肤的第一步，但是很多MM都不太重视，或是没有像购买其他护肤品那样用心。

洗脸，可是有关面子的问题，更是肌肤保养把关的首要工作。我在杂志社工作的时候，曾在杂志网站上做过一次针对洁面用品购买习惯的调查，参与调查的基本上都是18—25岁的MM，调查结果表明：年轻一族选择洁面乳时，对品牌的忠诚度并不高。购买动机主要是受广告词、包装的吸引，或者是同龄人之间的相互影响。

绝大多数的MM，一个牌子用完，就换另一个品牌试试。凡是广告词中强调洗得干净、拥有好味道、具有调理改善肤质等功效的洗脸用品，对年轻人来说都具有相当的吸引力。所以，一些以深层清洁毛孔、去除暗沉角质、治疗粉刺面疱、美白及保湿等为诉求的产品，卖得特别好。

就这样随机抓一管就回家使用的结果很可能是它根本不适合自己，要知道洁面产品选择不当，对脆弱皮肤的伤害尤其大。

不同肤质适用的洁面产品

我建议MM们，洁面最好准备两类，分别在早晚使用。早上用不起泡沫、清洁能力偏温和的洁面；晚上因为要清除一天留在脸上的污垢，所以推荐用清洁能力略强的洁面产品。

对于拥有健康肌肤的MM来说，好的洁面产品，必须具有合理的洗净力，以及长期使用不伤肌肤的基本条件。

对于油性肌肤或者面疱肌肤的MM，也不宜一味地为洗去脸上过剩的油腻，而使用去脂力过强的产品。去脂力强的洗净成分，虽能轻易地将皮肤表面的油脂去除，但同时也会洗去一些对皮肤具有保护保护御作用的皮肤油脂，长久下来反而弄糟了肤质。

油性肤质者较理想的做法是，使用深层洁面或者泡沫洁面。要选择温和、中度去脂力的清洁成分。此外，配合定期的敷脸，才能深层清洁毛孔，使老旧的皮肤油脂废物代谢出来，改善肤质。

对于干性或敏感肌肤来说，好的洁面产品，要求就该多些。干性肌肤应忌讳使用去脂力太强的洁面皂；敏感肌肤的MM，角质层通常较薄或皮肤已有红疹现象，所以，并不适宜使用碱性配方或含果酸浓度高的制品。

干性肌肤MM最好选择乳、霜质的温和洁面，一定要避免深层洁面，因为它会不停打薄你本来就偏薄的角质层。

混合性肌肤的洁面选择最宽，几乎所有的洁面产品都可以用，但是我们还是要以洗得干净、皮肤不紧绷为基础。

洁面的次数控制在一天最多两次，最好不要超过这个次数。但是如果有特殊情况需要，必须洗第三次脸，那么推荐你选非常温和的洁面，尤其以给敏感肌肤提供的洁面产品为首选，这样对皮肤的负担最小。

不同的肌肤状态适用的洁面产品

我们的肌肤每天并不都是一样的，会因环境、换季和内因不停变化，所以一直使用一种产品也是不科学的，要根据肌肤状况随时调整。

四季洁面：春季需要保湿、抗过敏类的洁面产品，要温和不刺激的；夏季就需要控油、收敛毛孔的；秋冬就要滋润、保湿、温和的洁面产品。

化浓妆时，需要卸妆油+温和洁面产品：化浓妆时，卸妆油是清洁面部最好的选择。卸妆油涂抹后按摩全脸，使油脂将彩妆充分溶解。之后，用水使油充分乳化，迅速为肌肤补充矿物质。卸妆后可以用无泡沫的洁面乳进行再次清洁，一定要选择温和的，这样不会因为二次清洁而对皮肤造成伤害。

疲惫不堪时，需要洁面皂或洁面摩丝：熬夜后疲劳不堪，面部肌肤一样会呈现疲惫状态，什么产品能在最短的时间里达到最佳清洁效果且唤醒肌肤呢？洁面皂和洁面摩丝都是不错的选择。现在的洁面皂类往往含有乳霜和其他保湿成分，pH值较低，既不会刺激肌肤，又保留了一贯的清洁力，用起来非常方便。而洁面摩丝最大的好处就是连泡沫都不用打，挤出来就可以用。

肌肤干燥时，需要无泡型洁面乳。不知道MM们发现没有，当生理期进行时或是刚刚结束时，肌肤会变得干燥，可能还很敏感，这时就不能使用清洁力过强的洁面产品，而应该用水溶性的无泡型洁面乳来好好呵护，这类洁面乳性质温和，既能够彻底清洁又不会使肌肤变干，而且比洁肤油更容易清洗。

肌肤出油时，需要用控油平衡洁面。很多MM不是油性肌肤，但在情绪激动、工作压力大的时候，肌肤也会泛油光，这时选择的洁面产品最好能够有效去除多余油脂，同时又不会太刺激肌肤。具有控油平衡作用的洗面奶是油性肌肤的最佳选择，丰富细腻的泡沫能够深入清洁毛孔，减少油脂分泌和暗疮的形成。

周末需要用去角质+深层清洁面膜给肌肤来一个细心呵护。去除角质之前最好先用温水拍脸，达到软化角质、打开毛孔的作用。而涂抹去角质霜时手法一定要轻柔，避免过度刺激肌肤。另外，去角质不要太频繁，油性肌肤的MM可以一周做一次，敏感肌肤的MM不要做，而其他肌肤的MM一个月做一次足矣。深层清洁面膜也不能经常使用，油性和混合性皮肤每周使用1—2次，干性皮肤每周1次即可。

如何选择优质的洗脸产品

1. pH5.5 不能作为判断品质的标准

洁面皂是以脂肪酸和碱金属盐为原料的洁面产品。不管是固体的、液体的，还是糊状的肥皂，只要是以脂肪酸为原料的，都呈弱碱性。洁面皂具有轻微的去角质作用，洗完以后肌肤感觉异常清爽。不过，市面上的很多洁面皂都是温和型的，不能一概而论。使用洁面皂洗脸有一个缺点，就是会在肌肤上留下浮渣，这样就会妨碍护肤成分的渗透。

以氨基酸为原料制成的弱酸性洁面产品不会使角质细胞发生膨胀，因而洗完后会感觉很湿润，这就是这类洁面产品的特点。氨基酸系的成分不易残留，不过一旦发生少量残留，还是会对肌肤造成刺激的。不管是弱酸性还是弱碱性，只要其化学性质相对较弱，就不太会对肌肤造成影响。所以说，与其一味地拘泥于pH值还不如选用那些去脂力不是很强的洁面产品。

2. 成分是决定洁面产品品质的要素

我一直是唯成分论者，因为成分才是决定护肤产品品质的要素，也是挑选适合自己肤质产品的凭据。

市面上很多护肤品牌推出了具备很多功能的洁面产品，美白洁面、紧致洁面、舒缓洁面……但是千万不要盲目相信它们能改变肤质，要知道，一个只停留在脸上一两分钟的东东，作用还是比较有限的。

还有一种现象是：成分栏不标识主要成分，反而写些添加成分来充数。我就看到过一则洁面产品广告，主要突出的是高效保湿因子、维生素E两种成分。而这两种成分都不具清洁效用，充其量只是附属的营养成分，无关乎洁面乳本身的好坏，这样标识，不只MM们无法判断，就连专业的技术人员，仅凭广告也是无法判断优劣的。

洁面产品的好坏，主要取决于清洁成分本身，而不是那些添加物。所以，下面我依据洁面产品的形态来给各位MM们说说真正优质的清洁成分。

皂化配方洁面产品

洁面皂

皂化配方的制品基本上都是偏碱性的，不论称呼如何改变，其原始碱性的本质都是相同的。碱性的去脂力佳，刚洗完的感觉是十分清爽。但是，一旦脸上的水分自然蒸发后，肌肤仍然是过于紧绷及干燥的情况。所以，到了冬季，就只有油性肌肤者适宜使用皂化配方的洁面产品。

也会有MM说，有的洁面皂洗完脸后不紧绷啊。那这款洁面皂中一定添加了其他防止皮肤干燥的成分。在这里，我很负责任地讲：“添加润肤成分的洁面皂，对肌肤未必有益。”

这些另外添加的成分，虽能掩饰洁面皂干涩的缺点，却无法改变洁面皂碱性的本质，而且降低了洁面皂应有的清洁力。如果你是油性肌肤，长期使用这类含乳霜的洁面皂，极可能因为洗净能力不足，而无法完全发挥清洁的功效。这会造成部分老旧的皮肤油脂或污垢残留在脸上，又覆盖了一层洁面皂残留的柔肤剂。几次洗脸下来，终将造成毛孔阻塞，损及肌肤的健康。

因此，高乳霜比例的洁面皂，只适合健康及中性肌肤者，或者选择性地在冬季使用。

洁面皂小常识

辨识有效成分：

油脂制成的皂基是基本成分，羊毛脂、维生素E、植物油、植物萃取、高级醇酯、色料、香料、防腐剂等是添加成分。

有效指数：

★★★★

碱性（pH9—10），去脂力极佳。

安全指数：

★★

健康偏油性肌肤适用，过敏肤质、干燥肤质、青春痘化脓肌肤忌用。

贴心蜜语

相信大家也都见过这样的人，洗脸只用肥皂仍然有好皮肤，除了天生丽质的解释外，年轻也是资本，但年轻却不是永远都能拥有的资本，因而拥有的时候还是要善待。所以，我并不建议MM们长期使用洁面皂。要知道，与各类清洁成分相比较，皂碱最易与皮肤的角质蛋白结合，造成皮肤粗糙老化、功能下降。

洁面乳

虽有其先天上的缺点，但其商品市场占有率不小。因为用后确实感觉清爽，而这种无负担的触感，只有皂化配方的洁面乳能给大家带来，非皂化配方的洁面产品就没有这种特色。那如何判断市面上的洁面乳是皂化配方呢？

皂化配方，是使用各种脂肪酸与碱剂一起反应制造的。所以，成分栏里需同时出现“脂肪酸与碱剂”，这就是皂化配方。列表如下：

脂肪酸（Fatty acid）	碱剂
十四酸／肉豆蔻酸	氢氧化钠
十二酸／月桂酸	氢氧化钾
十六酸／棕榈酸	三乙醇胺
十八酸／硬脂酸	AMP

皂化配方洁面乳小常识

辨识有效成分：

脂肪酸与碱剂共制而成。

有效指数：

★★★★

碱性，pH约8.5—9.5，去脂力佳。

安全指数：

★★

健康、偏油性肌肤适用，过敏肤质、青春痘化脓肤质、对碱性过敏者忌用。

非皂化洁面产品

这类洁面产品以合成表面活性剂为主要成分，其品质的优劣、性质特色，则与所选用的表面活性剂息息相关。

以下将针对经常应用于洁面乳的表面活性剂，就其性质、对皮肤的作用及优缺点等做简单的介绍。

（1）氨基酸系表面活性剂★★★★★

以天然成分为原料，成分本身可调为弱酸性，所以对皮肤刺激性很小，亲肤性又特别好，是目前高级洁面乳清洁成分的主流，价格也较为昂贵。可以长期使用。

（2）酰基肌氨酸钠★★★★

中度去脂力，低刺激性，起泡力佳，化学性质温和。较少单独作为清洁成分，通常搭配其他表面活性剂配方。除了去脂力稍弱之外，成分特色与酰基磺酸钠相似。

（3）酰基磺酸钠★★★

具有优良的洗净力，且对皮肤刺激性低。此外，有极佳的亲肤性，洗时及洗后的触感都不错，皮肤不会过于干涩且有柔嫩的触感。

以此成分为主要配方的洁面乳，酸碱值通常控制在pH5—7之间，十分适合正常肌肤使用。因此，建议油性肌肤者，或喜欢把脸洗得很干爽、无油滑感的人，选用这一类成分，长期使用对肌肤比较有保障。

（4）烷基聚葡萄糖苷★★★

此表面活性剂以天然植物为原料制造而得，对皮肤及环境没有任何毒性或刺激性。清洁性适中，为新流行的低敏性清洁成分。

（5）磺基琥珀酸酯类★★

属于中度去脂力的表面活性剂，较少作为主要清洁成分。去脂力虽然不强，但具有极佳的起泡力，所以常与其他的洗净成分搭配使用，以调节泡沫。

本身对皮肤及眼黏膜的刺激性均很小，对干性及过敏性肌肤来说，可算是温和的洗净成分。

（6）两性型表面活性剂★★

一般来说，这一类清洁成分的刺激性均低，且起泡性又好，去脂力方面属于中等。所以，较适宜干性肌肤或婴儿清洁制品配方。

（7）烷基磷酸酯类★

属于温和、中度去脂力的表面活性剂。这一类制品，必须调整其酸碱在碱性的环境，才能有效发挥洗净效果。亲肤性不错，所以洗时及洗后触感均佳。但是，对碱性过敏的肤质，仍不建议长期使用。

（8）十二烷基硫酸钠（SLS）

此为去脂力极强的表面活性剂，是目前强调油性肌肤或男性专用的洁面乳所最常用的清洁成分。缺点是对皮肤具有潜在的刺激性，与其他表面活性剂相比较，属于刺激性大者。

（9）聚氧乙烯烷基硫酸钠（SLES）

亦属于去脂力佳的表面活性剂，其对皮肤及眼黏膜的刺激性，稍微小于前面的SLS。这类清洁剂应用广泛，除了用于洗脸产品，还大量用作沐浴乳及洗发精的配方。

以SLS或SLES为主要清洁成分的洁面乳，通常需调配成偏碱性配方，才能充分发挥洗净能力。若搭配果酸一起加入产品，则因无法调整为酸性溶液，果酸的效果会大打折扣。所以，不建议购买将这两类洗净成分和果酸搭配的清洁制品。

功效型洁面产品大起底

洁面产品无论是什么形态，粉、皂、乳、泡沫等，最重要的品质体现都是清洁度，但还是有很多洁面产品强调自己的功效性，那么这些功效性有多大能量呢？我们还是从成分入手，逐一来分析。

含美白成分的洁面产品

在众多洁面产品中，美白洁面产品是一般女性朋友的最爱。但我可能要给MM们泼凉水了，想用洗脸来美白的，就不要抱太大希望了。

只有添加了果酸成分的洁面产品会让你看到美白的效果，因为果酸加速了老旧角质的脱落，使表皮层新陈代谢的速度加快，自然可以看到白皙的肌肤。但是果酸成分并不是所有人都适用，只有健康肤况的MM可以用。

因为不论是油性或干性肌肤，都有可能存在角质粗糙、代谢不佳的问题，角质变薄之后，皮肤会显得敏感且保护能力下降。对于敏感性肌肤而言，果酸这一类有立即刺激性的成分，最好敬而远之。

美白洁面产品小常识

辨识有效成分：

维生素C、果酸较为有效。

有效指数：

★★

任何美白成分以洁面乳形式使用，效果都很有限。

安全指数：

★★★

一定要挑选不含皂配方、不含SLS及SLES清洁成分的，酸性配方为宜。肤况健康者适用，敏感性肌肤忌用。

贴心蜜语

少晒自然白。多吃维生素C，搭配美白霜使用效果佳。黑斑、雀斑要找医生除斑，擦化妆品徒劳无功，只要再暴露于阳光下又会生成。过度去角质会降低皮肤的防御功能，所以使用时间要适可而止，让肌肤休息一下。

含抗痘成分的洁面产品

痘痘的梦魇，从十五六岁青春期开始，一直到40岁都还无法摆脱，我也一度是痘痘肌。青春期时发青春痘，可以怀疑是体质、遗传或荷尔蒙失调等复杂因素引起的。所以可能又吃又擦的，都无法有效控制。但是过了青春期，还经常冒痘痘的话，就该好好检讨一下是否夹杂着人为因素了。

这些人为因素主要是指脸部清洁不完全、化妆品使用不当、皮肤遭受痤疮杆菌感染等情况。

用对洁面乳，可以缓和面疱现象哦！

这里要说明一点，抗痘洁面产品对人为因素造成的痘痘还是有效果的，但如果是内因造成的，只能是治标不治本了。所以MM们在选用抗痘洁面产品前，要清楚自己的痘痘是哪种，再去寻找含有下列成分的抗痘洁面产品。

抗痘洁面产品小常识

辨识有效成分：

黑头粉刺——维生素A酸、水杨酸。

白头粉刺——维生素A酸、水杨酸、过氧化苯酰。

丘疹、发炎——三氯沙、茶树精油、过氧化苯酰。

脓疱红肿——过氧化苯酰、三氯沙、茶树精油、硫黄剂、雷索辛。

脓疱红肿忌用——维生素A酸、SLS、含皂洁面乳。

有效指数：

★★★

配合面疱及肤质选择适合的成分才会有效。

安全指数：

★★★★

无面疱时，预防用三氯沙、茶树精油、水杨酸；有面疱时，依症状选择维生素A酸、水杨酸、过氧化苯酰。有过敏现象立即停用。

贴心蜜语

保持毛孔代谢顺畅，是预防面疱的最佳方法。不用过油的保养品，非必要不擦抑制油脂分泌的化妆水，上妆时间不宜过久，充分卸妆，多洗脸，常敷脸。

含保湿成分洁面产品

保湿洁面产品的保湿效果很有限。因为清洁这个步骤，会把所有脸上的脏污及洁面乳中的其他成分全部冲洗掉，保湿剂自然也不例外。所以，虽然加了保湿剂在里面，仍旧发挥不了多少保湿功效。

保湿洁面产品小常识

辨识有效成分：

透明质酸、玻尿酸等。

有效指数：

★

含亲水性保湿洁面乳保湿效果有限，含亲油性保湿成分者无法充分发挥洗净效果。洗脸与保湿，分步完成效果佳。

安全指数：

★★★★★

基本上这类产品都很安全，但效果真的太有限，so，不要浪费太多钱买附加效果很多的洁面产品。洗脸产品的选择重点，是清洁成分是否能温和不伤肌肤地发挥清洁功效。

含抗敏成分洁面产品

洗脸的目的，是为了清除脸上的脏污。所以要掌握“只要清洁，不要伤害”的选用原则，所有与皮肤做短暂接触的成分，都不可以因为要方便强力去污而伤及皮肤。所以，选用低敏性洁面乳，对皮肤来说确实是种保障。

抗敏感洁面产品小常识

辨识有效成分：

使用优良无刺激性的表面活性剂，并搭配抗敏成分而成，如甘菊蓝、甜没药萜醇、洋甘菊、尿囊素、甘草精。

有效指数：

★★★★★

搭配的这些抗敏成分并不会对清洁力产生负面作用，所以有效指数还是比较高的。

安全指数：

★★★★★

温和不刺激，所有肤质适用。

贴心蜜语

抗敏洁面乳的抗敏成分具有护肤价值，若搭配氨基酸系的表面活性剂，那将是最完美的组合。

含收敛毛孔成分的洁面产品

唉，再次说抱歉，想靠着洗脸缩小毛孔，美梦很难成真。

毛孔除了长出毛发之外，皮肤油脂、毛囊内的角质、汗水等代谢物，都要经由毛孔排泄到皮肤表面来。而当代谢无法正常进行时，往往造成皮肤油脂固化，毛孔阻塞，甚至引发粉刺、面疱的生成。久而久之，毛孔粗大、肤色晦暗、肤质显得粗糙。毛孔阻塞久了，若仍不给予适当的清理，外观上毛孔粗大只会越来越明显。

也许你会认为，在洗完脸或敷完脸后，真的觉得毛孔缩小了。真正的原因是你刚刚把夹藏在毛孔中的垃圾清除掉，毛孔干净，看起来透明度、清爽性及质感都较好。

收敛毛孔洁面产品小常识

辨识有效成分：

水杨酸效果明确，植物萃取液成分安全，收敛剂最好少用。

有效指数：

★

收敛效果想从洁面产品上取得，还是很有限的。

安全指数：

★★

偏酸性配方，宜注意不与SLS或皂化配方洁面乳一起使用。皮肤有伤口、化脓或过敏性肤质者忌用。

贴心蜜语

就算不用洁面产品，只是把面部浸湿，皮肤吸收足够的水分后毛孔看起来也会变小，这是因为皮肤细胞吸水后膨胀，让毛孔显得小了。这只是表象，皮肤细胞水分不充足的时候，毛孔会恢复原样。所以，不要太过依赖使用收敛产品，事

实上效果不大。

你能做到的是：保持良好的清洁习惯，避免毛孔日益粗大。经常保持毛孔代谢通畅，是不使毛孔粗大的唯一方法。另外，含薄荷等清凉剂的洁面乳，只是让你觉得凉凉的，没有收敛功效。

纯植物性洁面产品

首先要说明——植物配方不等于安全无刺激。

植物配方的意思有两种：一种是在配方中加入植物萃取液的成分；另一种是标榜配方中所有的成分都是植物性的，或取自植物。事实上，第一种很常见，而第二种很难办到。而且，纯植物配方不等于高品质。

贴心蜜语

含植物萃取液的成分可降低刺激性，但不等于洁面优质。而要重点注意避免选择主清洁成分为碱性皂化配方，因为温和无刺激且洗得干净，才是洁面产品选用的最高指导原则，植物与否，并不重要。

03 去角质：让皮肤“食欲大增”

通过去除多余的角质，能够向介于表皮和真皮之间的基底层传达指令，这样新的细胞就会生成了。这些新生的细胞慢慢地发生变化，不断地进行新陈代谢，最后就转移到了角质层。因此，如果代谢不佳，老化的角质总是留在皮肤表面，那么就不会再有新的细胞产生，全体皮肤细胞的平均年龄也就上升了。

去角质是指去除皮肤表层老旧角质以加速角质代谢功能。适时、适当、适度地去角质可以令肌肤的触感改善，让角质层的透明度增加，使护肤品的有效保养成分迅速渗透。

但你一定要知道，角质层是肌肤的天然屏障，不能随便去除。去角质的基本原则是——不过度清洁。

有很多人一味地追求皮肤细腻光滑，把去角质护理纳入了日常护理，结果反倒破坏了皮肤的天然屏障功能。角质之所以存在，是为了保护肌肤免受紫外线之类的外在刺激。所以，如果你自己进行去角质护理，那么每个月1次就足够了。

去角质产品大体分为物理、化学和生物三大类。这三类也只是从去除方法上来说的。实际上应该区分为：物理型剥除和化学生物型溶解。

物理型，就是用我们常说的磨砂膏、磨砂手套剥除，现在的洁面刷也可以算物理型。

化学型，主要是酸腐蚀和表面活性剂去除，常用的是AHA和BHA。

生物型，主要是靠酶溶解角质蛋白，使角质层剥离。比如使用添加了阿尔法角蛋白酶的产品，或者是添加了生物萃取物（比如木瓜蛋白酶、酵母萃取物）的产品。

优先选择顺序是生物酶解法，化学酸类腐蚀法，最后才是物理型磨砂法。

生物酶解法

人的皮肤角质是由阿尔法角蛋白构成的，添加相应的蛋白酶，就能适度溶解这些角质，帮助去除。有的洁面霜和凝胶会添加这个成分。在用生物型成分的时候，第一要注意是否适合，防止过敏，如果不过敏，其实是很安全的。第二，就是要注意温度，酶作用的发挥是需要一定温度帮助的。在使用前先用温水敷脸，涂上产品以后按摩并配合热水蒸汽效果会加倍。

生物去角质法小常识

有效成分：

一般植物蛋白酶有木瓜酶、菠萝酶等。

有效指数：

★★★

效果要弱些，但是最温和，刺激小。

安全指数：

★★★★

活性状态在pH5.7—6，接近人体表面皮肤酸碱值，温和不刺激肌肤，可以精确去除增厚的角质，不伤害周围正常皮肤组织。但是只能分解角质，对于油脂没有任何作用。停留在脸上的时间稍长效果才会明显。

化学酸类腐蚀法

其实不单纯是腐蚀，因为这些有效成分也有一定的刺激细胞新生，甚至是滋润的作用。具体分为AHA和BHA。AHA就是果酸类，BHA是水杨酸类。果酸是第一代去角质酸，后来逐渐被水杨酸取代。两个各有特点，严格地说，其实没有哪种更优越。

果酸类，包含了酒石酸、甘醇酸、苹果酸、柠檬酸、乳酸等。它们都是水溶性的，分子较大。由于是水溶性的，所以基本只作用在皮肤外层。对于皮肤干燥粗糙或者是年纪较大想去角质的人，推荐用果酸类的焕肤去角质产品。其中果酸类很突出的酸是甘醇酸和乳酸，这两个酸本身有一定的保湿滋养作用。果酸不好的地方在于不能很好地渗透进毛孔，同时刺激性比较大。

水杨酸，学名叫邻羟基苯甲酸。据说最早是从柳树叶中提取来的，所以一些产品添加了柳树提取成分，起作用的主要还是水杨酸。水杨酸是脂溶性的，因此能顺着毛孔里的油脂进入毛孔，帮助从深层去角质。它的刺激性较果酸小，所以水杨酸被广泛推广使用。由于痘痘的引发多是角质代谢异常和氧化油脂等问题，所以水杨酸对于痘痘皮肤是比较有效的成分。

水杨酸产品需要和皮肤有一定的接触时间才能起作用，这点大家一定要记住！

化学类的去角质产品小常识

有效成分：

主要会用到水杨酸、果酸、A酸、酵素、酶等。目前国家规定化妆品内水杨酸的浓度一般在0.5%—2%之间，但是要想实现去角质的作用，浓度达到3%—6%才行，一些生物焕肤类产品如果使用水杨酸为主要成分需要长期使用的，则使用浓度应该1.5%以下，否则会相当刺激。如果是用果酸为主要成分溶解老化角质的，一般浓度在5%—10%之间，而且果酸必须在偏酸性环境下才能发挥作用，pH值在3—4之间，如果是敏感性皮肤最好不要使用。

有效指数：

★★★★★

能够促进真皮层内的胶原纤维生长，不仅可以去角质，对消除黑斑、暗疮及改善皮肤粗糙都很有效。

安全指数：

★★★★

逐步软化角质有一个循序渐进的过程，更温和但需要更多时间。

贴心蜜语

大多数MM都在使用去角质凝胶，觉得使用后皮肤滑顺不干涩，超好用，而且效果看得见。但是我要请MM注意：搓出的屑屑不代表是角质，而且，用后皮肤越滑顺不干涩，越有可能添加了不宜接触肌肤的阳离子界面活性剂，对肌肤伤害很大。

另外，选择凝胶时要注意凝胶的酸碱值，过酸的搓屑凝胶，是违反肌肤清洁保养精神的。还有一类搓屑胶，无酸刺激问题，但会有酒精刺激问题。

物理型磨砂法

物理型磨砂我不是很推荐用，如果你要用，第一，一定要充分浸润软化角质；第二，需要稍加力度柔和磨匀；第三，就是必须选择有弹性，没有锋利边角的细腻的磨砂颗粒，完全没有必要因为厂家宣传加入高贵颗粒而去购买。

物理去角质法小常识

有效成分：

各种天然植物或矿物颗粒是最为经典的物理去角质成分，主要包括各种坚果颗粒如胡桃、杏仁，水果纤维如杏子、果皮，谷物颗粒如燕麦、米糠以及天然水晶、矿石的粉末等。这些成分是通过摩擦去除死皮细胞的。

有效指数：

★★★★

不管材料是什么，他们原理都是一样的，全部都是通过颗粒摩擦磨去角质。

安全指数：

★★★

优点是不易刺激皮肤，比较温和。缺点是磨砂可能不均匀，有的地方磨得过多，而且容易像砂纸一样留下划痕。

04 化妆水：快速补水保湿，打开肌肤保养通道

化妆品的种类很多，最受欢迎的却是水质类的化妆品。然而，却有不少美容达人主张将化妆水省略，改用精华液就好。可是，如果真正知道化妆水对肌肤的重要性，恐怕就没有人敢忽视它了！

化妆水最主要的任务是让你的肌肤恢复天然酸碱值，为下一个护肤步骤做好准备。皮肤正常的pH值大约为5.5，呈弱酸性。而水的pH值比较高，一些地区的水pH值甚至达到9.5，这意味着用水洗完脸之后，皮肤的平衡遭到了破坏，大脑于是对皮肤发出信息，让它产生一些物质来重新平衡弱酸环境，这些物质就是油。如果你是油性皮肤，就会总是油光满面。油分向外渗透，可以帮助平衡脸上其他部位的肌肤，但毛孔一旦被撑大了，是不会自己再变回来的！如果你的皮肤属于干性，它就必须勉强做一些自身能力之外的努力来尝试恢复平衡。

平衡肌肤的酸碱值是化妆水最重要的任务，却不是它唯一的作用。化妆水能做的事情有很多，除了直接带来好处之外，它还能让你随后涂上的护肤品发挥更大的功用。因此，化妆水不一定是你护肤产品中最贵的一种，但它却是你护肤程序中关键的第一步。

让我们来了解什么是化妆水。

爽肤水、柔肤水、收敛水等统称化妆水，是一种透明的液态化妆品，涂抹在皮肤的表面，用来保持肌肤的健康。

按类型区分

透明型：这种是目前市场上最常见的化妆水。此类产品由于其透明外观的限制，在可选用的原料、制备工艺等方面都有非常高的要求，很多原料由于无法得到透明外观而被弃用。化妆水中90%以上含量都是去离子水，为了确保透明外观，必须添加一定量的增溶剂或者酒精帮助溶解油溶性成分，比如香精、油脂、油溶性维生素等。即便如此，其中的油溶性成分含量仍然不能太多，所以其滋润、保湿的功效主要都来自水溶性成分，这一定程度上也限制了它的最终效果。

乳液型：此类化妆水介于透明化妆水和乳液之间，外观为乳白色，也有一些外观为半透明状。较之透明化妆水，配方中油分含量偏高，因此滋润效果明显提高。

按效果区分

爽肤水：顾名思义，使用之后能让肌肤清爽干净，是比较基础的化妆水。也正因为此，一般油性肌肤会偏向于使用此类化妆水。不过在选择时需要注意，除了使用时感觉清新外，还必须要有补充水分的功效。

润肤水：这类化妆水肯定是偏重保湿功效的，用它来作水敷，通常是肌肤补水最好的选择。对于干燥的肌肤，特别是受空调、日晒等影响的肌肤相当适合。它具有保湿护肤效果，通常在夜间使用。如果标注了“妆前水”，请在日间彩妆前使用。

软肤水、活肤水、嫩肤露：软肤、嫩肤类的产品不仅具有补充水分的作用，而且它们各自还有一些特别的功能。

软肤水具有去角质功效，如果肌肤粗粗硬硬的，用它一擦即能除去多余角质，使肌肤变得柔软。一般洗完脸之后使用，然后再用其他保养品。就像浇花先松软土质再浇水，水分、养分会更易吸收一样，它有促使下一步保养品更好吸收的功效。不过因它有去角质作用，而肌肤新陈代谢28天为一周期，不能破坏，所以应避免使用过多，特别是皮肤薄的人！而活肤水则因其增添了维生素C和维生素E，所以可以给肌肤更丰富的营养，延缓皮肤衰老并保持弹性。嫩肤露对肌肤则更具修复功能，还可以抵抗紫外线。

这类化妆水以软化角质，让皮肤柔软、嫩滑为特点，一般pH值偏向弱碱性。多适宜肤色较暗淡的油性、混合性肤质。

通常去痘型化妆水中含有水杨酸，因为它能够帮助角质剥落，有一定的杀菌、去痘作用。但是有些人对水杨酸过敏，所以购买时要看清成分表。

收敛水、紧肤水、收缩水：顾名思义，收敛水主要以收敛作用为主，可以紧致毛孔，控制皮肤油脂分泌，最好只用于日间。有的含有粉末来吸除多余油脂。因为控制了油脂的过量分泌，所以补充水分的同时，兼有良好的持妆效果。所以肌肤白皙、容易掉妆的人使用是最合适不过的。

收敛水、紧肤水和收缩水大同小异，不过是不同品牌的不同称谓。一般都含有酒精，使用后会有清凉干爽的感觉，同时还能有效地抑制细菌的繁殖，防止青春痘的滋生。

pH值偏弱酸性，以透明外观为主。其中所含酒精、薄荷醇（主要是左旋薄荷醇）能带来清凉感，同时水分、酒精的蒸发会导致皮肤暂时性温度降低，令毛孔收缩。有再次清洁、收缩毛孔、抑制油分的作用。对于毛孔粗大的油性、混合性以及易长痘痘的肤质非常适用。

按添加成分区分

收敛水：又称为收缩水、紧肤水、爽肤水。一般为弱酸，以透明外观为主。收敛作用是酸及具有蛋白质作用的物质表现出来的特点。

主要成分为——

酒精：化妆品专用酒精，有控油爽肤的作用。

薄荷醇：有抗菌消炎的作用，多用于皮肤病的外用洗剂。

柠檬酸：主要作用是加快角质更新。

金缕梅：金缕梅有收敛、镇定皮肤的效果。

尿囊素：避光、杀菌、防腐、止痛、抗氧化，能使皮肤保持水分，滋润柔软。

柔肤水：以软化角质，使皮肤柔软、嫩滑为特点，一般pH为弱碱性。

通过添加微量有机碱或者无机碱来软化角质层。

主要成分为——

KOH：软化角质。

NaOH：吸水物质，吸收真皮或者表皮外的水分。

清洁水

主要用于淡妆卸妆和清洁皮肤，但清洁、卸妆能力都不强。

主要成分是温和性非离子，为水溶剂。

表面活性剂，有分散、乳化、杀菌等作用，如氨基酸。

保湿水

选择保湿化妆水，要注意成分安全温和，香料添加适当，不能过于刺激皮肤，保湿时间要持久，还要容易渗透。一般来说，黏稠一点的化妆水相对保湿效果较好，如啫喱状或凝胶状的化妆水。

主要成分是植物精华、甘油、透明质酸、氨基酸等。

美白水

挑选美白化妆水时要注意是否温和不刺激。很多美白成分容易引起过敏，一些美白成分会受光照影响，所以最好在晚上使用。

主要成分有维生素C、维生素E、含美白功效的植物精华（玫瑰、甘草）、氨基酸等。

特别提醒：敏感皮肤使用美白产品需要特别注意。美白成分通常不太稳定，离生产日期过久或者保存不当的美白化妆水很有可能不再含有有效美白成分，但做普通化妆水使用并无问题。

控油水

控油化妆水适合油性或混合偏油的皮肤使用，涂于长痘的地方也可，因为控油的化妆水通常含有酒精及镇定成分。

主要成分为酒精、熏衣草精华、茶树精华等。

特别提醒：控油的化妆水含有酒精是正常的，但不宜超过30％。化妆水中的酒精含量超过45%是可以点燃的，所以可以用棉签去试试能不能点燃。适量的酒精对皮肤是有好处的，过量可就有害了。

肌肤和化妆水的标配

[油性肌适合清洁型化妆水]

含有酒精成分的化妆水有再次清洁、收缩毛孔、抑制油分的作用，多数适宜油性肤质使用的化妆水中同时含有软化角质的成分，可帮助油腻皮肤加速清除老化细胞，使肌肤更清爽。

[干燥肌、混合肌适合保湿型化妆水]

保湿型化妆水最大的功能，就是帮助肌肤补充充足的水分。调节肌肤的水油平衡。常见的保湿型化妆水会添加水溶性保湿剂以及多元醇类、天然保湿因子等，还包括低剂量的香料、色素、界面活性剂、防腐剂及酒精等。

[敏感肌适合美白防晒型化妆水]

含有植物美白成分的化妆水不仅可以起到二次清洁的作用，同时也可以通过水分的迅速渗透在肌肤表皮层形成隔离保护膜，从外部防护皮肤免受紫外线的侵害。

化妆水四大功绩

作为基础护肤三步曲中“承前启后”的关键角色，薄薄的一层化妆水，究竟被赋予了怎样重要的护肤使命呢?

让我们细数化妆水的“功绩”吧。

平衡滋润

任务执行者：酸性化妆水。

适用于：中性、干性皮肤。

使用方法：在洗面奶和有清洁作用的面膜之后使用，用浸润了化妆水的化妆棉轻轻擦拭肌肤，再用手掌轻拍面部至大部分吸收。

柔肤脱屑

任务执行者：碱性化妆水。

适用于：除敏感性皮肤以外的任何皮肤，特别适合干性肌肤。

使用方法：用浸润化妆水的棉片反复擦拭面部，注意均匀，但要避开眼部周围。

平衡收敛

任务执行者：收敛性化妆水。

适用于：油性和轻度暗疮皮肤。

使用方法：清洁后，用浸润化妆水的化妆棉轻拍需要收敛的皮肤表面至全部吸收，注意避开眼部周围。混合性皮肤只在毛孔粗大、易出油的部位使用。

平衡美白

任务执行者：美白化妆水。

适用于：面色晦暗，有色素沉着的皮肤。

使用方法：如果你经常从事室外工作或担心一天的紫外线照射对皮肤有损害，晚上洁肤后，用美白化妆水持续一段时间，可以将伤害适当减小。

化妆水的使用方法

❶ 质地轻薄的化妆水，使用化妆棉擦拭。

大部分的化妆水都应该倒在棉片上再涂抹全脸。因为仅仅靠用手轻拍是无法完全将水分导入肌肤的。

使用棉片前，应该先确定手掌上棉片的方向，棉片上的纤维走向应该保持与手指垂直。让化妆水充分浸润棉片，大约每次3ml左右，达到充分浸润棉片却又不会滴落的程度。这时候将棉片全部覆盖在肌肤表面，但是不要轻拍，应用手指轻轻地按压，让化妆水充分附着在肌肤上。最后再轻轻擦拭全脸，让化妆水渗透进肌肤，可以用轻拍的方式加速渗透。

❷ 凝露型化妆水，直接用手涂抹。

对比较浓稠或者芳香型的化妆水产品而言，用手进行涂抹，往往比棉片更具效果。涂抹的关键是不要轻拍，而是像涂抹乳液那样，使用手指毫无遗漏地将化妆水涂抹到全脸。

在手掌上倒一元硬币大小的凝露化妆水，用中指和无名指的指腹蘸取涂抹，从脸部中央开始向外侧延展涂抹，确保全脸都有化妆水之后，再用手掌将产品涂抹开。眼周等肌肤比较薄的区域，轻轻按压就可以了。最后揉搓手掌提高手心温度后，按压脸部肌肤，加速和促进化妆水的渗透。

❸ 保湿型化妆水，以化妆水面膜的方式促进渗透。

保湿型化妆水是化妆水中最常见的一类，最适合干燥型肌肤人群使用，尤其是长期处于空调、日晒等情况下的肌肤。含有透明质酸及神经酰胺的化妆水能够深入肌肤内部锁住细胞水分，并且滋润角质层。保湿型化妆水的质地大都比较轻薄，因此很适合用作化妆水面膜来促进肌肤的吸收。用化妆水充分浸润棉片后，将化妆棉纵向撕成4片，分别贴在额头、两颊以及下巴处进行面膜护理，3—5分钟即可。

05 日霜及乳液：隔离保护，调理“凝脂雪肌”

面霜是基础护肤最重要的一步，面霜中的美白、抗衰老等有效成分能够更好地被肌肤吸收，所以，拥有一瓶好的面霜可是非常重要的！

面霜的分类

依据状态，面霜可分为：霜剂、乳液、凝露和修颜面霜。

霜剂比较浓，呈膏体状，一般含油脂相对较少，主要是混合性皮肤、中性皮肤使用；也有一种是具有滋润成分的，适合干性和敏感皮肤使用。两者除了从产品说明来区分之外，从外形也可以看得出来，如果比较稀，像奶酪那样，一般含的油脂不会很高；如果很稠，并且有光泽，像黄油一样，那么油脂含量就肯定高了。

乳液比霜剂要稀一点，呈半液体状态，但也有高油脂和低油脂两种，除了看产品说明外，也可以在手背上试出油脂的高与低。如果涂上一会儿就吸收得干干净净的话，就说明是低脂的，适合中性皮肤、油性皮肤、混合性皮肤使用；如果涂上后或多或少有点光泽的，那么油脂含量就比较高了，一般适合干性和敏感皮肤使用。

凝露通常是透明或半透明的凝胶，一般都是低脂的，所以最适合油性皮肤使用，另外也适合中性皮肤和混合性皮肤在夏天使用。干性皮肤和敏感皮肤的MM，可以把这类护肤品作底霜使用。

修颜面霜/乳液，一般呈霜剂和乳液状态，不同的是它多添加了化妆品成分（俗称粉底），涂上有相对的修饰面色和遮盖印痕的效果。

依据功效，面霜分为日霜和晚霜。

白天，皮肤在恶劣的环境中进行新陈代谢，它最大的敌人就是阳光、脏空气、污染物，彩妆对皮肤也有一定的不利影响。所以这时候的皮肤最需要很好地隔离这些“敌人”，日霜可以对肌肤起到防护作用，让肌肤得到最好的呵护。日霜宜选择水溶性的，比较清爽而且也不需要被皮肤吸收得更多。

而晚上则不同了。晚上11点至凌晨5点是皮肤细胞生长和修复最旺盛的时候，这时候细胞分裂的速度比平时快8倍左右，因而对护肤、滋养品的吸收率特别高。所以，这时候最需要的是滋养肌肤，加速细胞的新陈代谢，让肌肤变得更加有弹性，更加细腻。

日霜与乳液

如果说日霜与晚霜的区别主要在于两者使用的时间与偏重的功效不同，那么，日霜与乳液的区别则在于适用的肤质和使用的季节。

总的来说，我觉得日霜主要适用于干性皮肤MM，因为霜类一般比较滋润，如果皮肤缺水厉害，用日霜效果应该会比较显著；而乳液则主要适用于混合或油性皮肤MM。当然，这只是个笼统的说法。油性皮肤MM可以选择凝露类的霜，而干性皮肤MM也可以选择滋润型的乳液。

偏干性肌肤的MM在干燥季节当然建议使用面霜，补水效果会比较好，也比较持久，夏天就可以选择较为清薄的乳液，清爽补水，无负担；油性肌肤的MM容易有痘痘的烦恼，所以不要选择厚重的面霜，在干燥的冬季用一些保湿效果好的乳液，夏天则需要选择带有控油性质的乳液。

乳液通常比较轻盈，质地比较清爽，适合夏季、日间使用，适合中性、混合性和油性肤质的MM。日霜质地一般比较丰厚，滋润效果非常显著，适合冬季、干性、中性肌肤使用。当然也有啫喱等质地的面霜，非常清爽，适合所有肤质。

总体来说，日霜和乳液都会按不同肤质分为滋润型和清爽型，但是一般情况偏油性皮肤的人要选择质地清爽的乳液，而干性皮肤应选择滋润型的；而不同的季节也要选择不同的日霜和乳液，冬、春季比较干燥，要选择滋润些的产品，而夏季比较湿润，则要选择相对清爽一些的日霜和乳液。此外，还要考虑使用者经常所处的环境，比如经常在空调、暖气环境及电脑面前的人要用相对滋润并且能持续保湿的日霜和乳液，而经常在户外活动的人，则除了要注意保湿外更要注意防晒。

很多品牌现在已经推出了在乳液之后使用的修护霜，白天直接涂抹乳液即可，晚上在乳液之后可以再涂抹一层修护霜加强保护作用。

与面霜不同，乳液能够迅速渗透进肌肤。肌肤的表面是角质层细胞，在角质层细胞的周围包裹着一些细胞间脂质，这些细胞间脂质决定着我们肌肤的湿润度。而乳液的水油配比是最接近这些细胞间脂质的，因此涂抹后的服帖度也非常好。

面霜的主要成分多为细胞活性化成分，所以大多面霜的保湿成分相比乳液就比较少，乳液的使用量一定会多于面霜的使用量，所以乳液的保湿能力足够强。

一般说来，面霜中所含的油分都高于乳液，虽然各个品牌的产品有所不同，但是乳液中的水油比例更适合补水使用。

不同功效的日霜挑选要点

保湿日霜/乳液

保湿乳液/日霜最要注意的是含水度和保水度。含水度高，好涂抹均匀并且容易渗透到皮肤表皮，容易被吸收；保水度可以让滋润皮肤的成分容易被留存下来，不易被蒸发，维持皮肤一定的含水量。当然一定要注意合成香料不能太多，多了容易引发敏感。

保湿成分：多元醇类与天然保湿因子（NMF）、玻尿酸（透明质酸）、甘油、氨基酸、胶原蛋白、维生素原B_5、AHA等。需要注意的是，甘油是传统的保湿产品，但它主要通过吸收外界水分来保持湿度，所以天气干燥的北方并不适用。

美白日霜/乳液

以挑选成分安全、不刺激、不含酒精、温和的产品为宜。见效太快的美白产品对皮肤的刺激会更大。

美白产品通常滋润不够，所以挑选保湿效果好的，美白成分更容易吸收。

美白成分：熊果素、传明酸、鞣花酸、左旋C等。需要注意这些美白成分容易氧化，要小心保存和使用。

抗衰老日霜/乳液

这类乳液和面霜一定要质地比较丰润，要好涂抹易吸收，涂上有光泽感。因为需要用此类产品的，一般都是达到一定年龄的人，而且要有含抗氧化抗衰老成分，比如绿茶、多肽等，有效活性成分能帮助面霜达到很好的效果。

开始老化的肌肤除了水分不足之外，油分也开始减少，充分滋润才能防止皱纹产生。产品中要含有弹力纤维和胶原蛋白，这样才能起到修护和抗老的作用。有些MM可能认为自己的皮肤是油性就不用那么早考虑抗老，但如果皮肤曾有暗疮，就必须要注意，那些痘痘留下的印迹正是让皮肤组织断裂的入口，要提早使用带弹力纤维的乳液来修护皮肤。

另外，保湿效果好才能促进抗衰老成分的吸收。

抗衰老成分：维生素A、胶原蛋白、胜肽和Q10等。

06 晚霜：月色“疗”人，晚霜让你新生

晚霜是指用于夜晚，对白天受损肌肤进行夜间调理、修护的护肤产品。一般晚霜中的活性成分含量较高，质地也比较滋润。很多晚霜具有美白功效，但同时也含有光敏成分。这类晚霜不能在白天使用，白天使用会适得其反。

晚间，我们的肌肤细胞都忙于修护工作，外在防护功能会自动降低。这样的状态，皮肤表面水分会加速流失，但是相对的，皮肤吸收力也增强了不少。

选一款适合你肤质的、品质一流的晚霜，会让你的皮肤在一夜之间修护滋养，焕然一新。

晚霜的六大功效

保湿功效：含有保湿成分，能滋润角质层，为角质层补充水分，各种滋润成分可通过皮肤表层吸收，使肌肤滋润、柔嫩。

修护功效：专门针对外界环境或气候给肌肤带来的各种麻烦，特别是对干性或缺水性肌肤修护作用更明显。产品内一般多含植物、维生素、矿物质等提炼的精华成分，帮助肌肤维持屏障，防止肌肤缺水，软化表皮组织，促进肌肤新陈代谢。

美白功效：含有美白成分，能彻底清除死皮细胞，同时使美白成分快速渗入，让肤色白皙透明。

抗衰老功效：含胶原蛋白、弹力纤维、植物精华、保湿因子、抗氧化剂等成分，能在夜晚利用睡美容觉的时间，加速肌肤新陈代谢，防止肌肤老化。

紧致功效：含紧致和抗老化成分，在夜晚可积极促进表皮收紧，防止肌肤老

化松弛，减少皱纹产生。

营养滋润功效：含高营养、高滋润度的成分，油脂较多，主要结合季节为肌肤补充营养、水分及油脂，一般在冬季可选择具有这样功效的晚霜，绝不适合夏季使用。

晚霜使用Q&A

Q：什么状态要使用晚霜？

A：由于气候的变化，皮肤变得暗淡无光，晦暗憔悴。

连续熬夜，感觉皮肤粗糙，毛孔增大。

感觉皮肤干燥、紧绷，鼻子和两颊部位有脱皮现象。

过敏现象导致两颊潮红，毛细血管比以前明显。

晚上使用了白天的护肤品，第二天醒来肌肤感觉不太舒服。

感觉皮肤的弹性越来越差，不容易上妆并有脱妆现象。

被紫外线晒后，肌肤“白回来”的时间越来越长。

秋冬季，洗脸后肌肤感觉很紧绷，面颊摸起来粗糙不均匀。

如果你有超过四点的情况，就说明应该使用晚霜了，符合得越多，就越要尽早使用。

Q：不同肤质怎么选晚霜？

A：如果是油性肤质，皮肤油脂分泌过多的，请选择清爽型晚霜。

如果是混合性肤质，使用晚霜时请避开T字区。

如果是干性肤质，就要选择滋润程度高的晚霜；甚至可以在早晨作为妆前霜使用。涂用时，要配合按摩，以帮助吸收。

Q：晚霜要根据年龄来选吗？

A：一般来说，25岁之前可选择性质较柔和的晚霜。

25岁以上至40岁的，这时皮肤刚开始衰老，可选择营养丰富的晚霜。

40岁以上，可选择加强修护和营养类的晚霜。

Q：怎么挑选适合自己的晚霜？

A：挑选晚霜一定要根据自己的皮肤状态：

若白天的皮肤肤色不均匀，暗沉灰暗，越到下午越是没有光泽，连粉底也盖不住色斑，则选择含有抗氧化的维生素C和E成分的晚霜——由于日晒和空气污染的双重作用，你的皮肤时时刻刻在进行着氧化的过程，从而造成肌肤暗沉、色斑沉淀等现象，具有维生素C和E的晚霜可以改善这种现象。

若白天的皮肤松垮垮的，隐隐可看见细纹，一天下来笑纹会比早上更深，则选择含有抗衰老的维生素A成分的晚霜——维生素A系列衍生物已经被证明有高效而温和的抗衰老作用。

若白天的皮肤油乎乎的，容易长疙瘩，甚至出丘疹，则选择含有强效保湿因子的晚霜，让肌肤感觉舒爽并有效预防肌肤早上易脱皮的症状。

Q：天气热，要不要用晚霜？

A：如果皮肤太油，在较热的天气或温度条件下，可以不使用晚霜。当发现皮肤有点干的时候，可以适当涂些清爽型的晚霜。但切记不可连续使用否则容易长痘。

Q：出现“油脂粒”怎么办？

A：如果在大热天营养过度，油性肌肤很容易出现表明油脂过剩的“油脂粒”。这时候，最好调整晚霜的使用，让肌肤进行自我调节。具体做法是，停用晚霜，或隔一天、隔两天使用一次低滋养型晚霜。刚开始时，皮肤可能会有一些紧绷感，几天后就会适应。

晚霜小常识

辨识有效成分：

不同保养类别的晚霜，所添加的有效成分不同，可以参考保湿、美白、抗衰老等产品中提及的有效成分。

有效指数：

★★★★★

能够加速皮肤的新陈代谢，促进真皮层内胶原纤维的生长，改善肌肤状态很有效。

安全指数：

★★★★

敏感肌肤的MM需要关注美白类晚霜中添加的成分，其他肤质的MM挑选的余地则很大。

❤贴心蜜语

彻底清洁、定期去角质能帮助晚霜更深入地渗透。睡前沐浴、按摩，保持室内温暖。温度高，能量高，细胞更活跃，晚霜也更见效。涂好晚霜，立刻上床入睡，以保证晚霜更好地发挥功效。

07 隔离：给肌肤穿件“金缕罩衣”

隔离霜是保护皮肤的重要产品，其主要作用是可以隔离彩妆、粉尘污染等对皮肤的伤害，相当于一层皮肤的保护膜，同时还可以起到修正、提亮肤色的作用。夏天还有防晒隔离霜，既能防晒又有隔离效果。

隔离霜的分类

大致分两种，有一种称为修颜隔离霜，局部涂抹后，可形成透气薄膜，使肌肤自由呼吸的同时具有防风、防沙、防外界侵蚀的隔离功效。

因此修颜隔离霜基本功能应该是：修颜、隔离、滋润、保湿。使用后，可以使肌肤无暗沉、无色差，形成亮丽、细致的肤色。

另一种就是防晒隔离霜 ，因为含有或完全以物理防晒剂来阻隔紫外线，而被称为防晒隔离霜。

防晒霜只有防晒功能，而隔离霜除了具有防晒功能，还添加了抗氧化成分、美白成分或维生素成分。相比一般的防晒霜，隔离霜的成分更精纯，更容易吸收，而且可以防止脏空气以及紫外线对皮肤的侵害。

单纯就防晒功效而言，隔离霜与防晒霜没什么区别，只不过防晒霜通常都是白色的，而防晒隔离霜会增加一些调整肤色的功能，比如有粉底色、粉色、紫色、绿色、白色等。

不同颜色隔离霜的作用

紫色隔离霜适合偏黄肌肤。偏黄肌肤显得较为暗淡，涂上紫色隔离霜，能使肌肤显得亮丽。

绿色隔离霜改善肤色的效果非常到位，它是万能色，能调整不均匀的肤色，还可以遮盖脸上的瑕疵，使肌肤看起来光滑。它的增白效果也较紫色隔离霜明显，但不能涂得太多。适合偏红肌肤和青春痘肌肤。

白色隔离霜是专为黝黑、晦暗、不洁净、色素分布不均匀的皮肤设计的。使用白色隔离霜之后，皮肤明度增加，肤色看起来干净而有光泽度。

蓝色隔离霜适合泛白、缺乏血色、没有光泽度的皮肤。蓝色可以较温和地修饰肤色，使皮肤看起来“粉红”得自然、恰当，而且用蓝色修饰能使肌肤显得更加纯净、白皙、动人。

如果你希望拥有健康的巧克力色皮肤，那么金色隔离霜是最好的选择，可以让皮肤黑里透红、晶莹透亮。

裸色隔离霜不具有调色功能，但具有高度的滋润效果，可修饰脸部泛红或黑眼圈，适合皮肤红润、肤色正常的人，以及只要求补水防燥、不要求修容的人。

08 防晒：四季防晒，肌肤抗老之必修课

普及防晒观念，是每一个从事美容工作的人的责任。防晒的必要性毋庸置疑，关键是选择好的成分和产品，我个人感觉物理防晒剂要比化学防晒剂安全性更高。另外，选择防晒产品，不能只看防晒系数，还要满足日常护肤的要求，且必须是安全的。

防晒产品的分类

防晒霜

防晒霜，是指添加了能阻隔或吸收紫外线的防晒剂来防止肌肤被晒黑、晒伤的化妆品。防晒霜可以分为物理防晒霜、化学防晒霜、生物防晒霜三种。

物理防晒霜

物理防晒霜中的微小粒子一般是由二氧化钛、氧化锌等组成。所以说，你购买防晒霜时，看到产品成分上有二氧化钛和氧化锌字样的，就是物理防晒产品。

二氧化钛，俗称钛白粉，是一种允许使用的食用色素。氧化锌，在皮肤科可用来治疗湿疹、皮炎等疾病，可以用于眼周等皮肤敏感处，所以以这种防晒剂为主的产品，无刺激，适合敏感肤质使用，比较安全。同时它的防晒谱比较广，所以防晒能力比较强。

但是，由于这两种物质的物理、化学性质决定其只能配制成油性的膏剂使用，所以制成的防晒霜比较油，厚重不清爽，不适合油性皮肤用。

物理防晒霜的优点：可以长时间反射紫外线，只要不出汗或者不擦拭，就能一直保持防晒效果。特别是对于那些对化学防晒霜过敏的人来说，物理防晒霜是

一个不错的选择。

物理防晒霜的缺点：物理防晒霜色彩偏白，也会油腻。

化学防晒霜

化学防晒霜将紫外线吸收以后再以一种较低的能量形态释放出来，避免了紫外线对皮肤的直接损伤。杨酸盐类、桂皮酸盐类与邻氨基苯甲酸盐类被认为是较安全、无刺激性的成分。

化学防晒霜的优点：一般质地比较清爽，涂抹以后肌肤没有负重感。

化学防晒霜的缺点：需要定时补涂，而且如果选择的是含有铅、汞成分的美白防晒剂，长期使用会造成皮肤的依赖性，对皮肤细胞和结构造成损害。

生物防晒霜

生物防晒霜通过生物防晒剂使皮肤免受紫外线的伤害，具有纳米球形的吸收和反射功能，防晒不留死角，能均衡肤色，维持肌肤水分含量，对日晒引起的色斑有明显的修饰改善作用。

常见的成分有芦荟萃取液、甘草黄酮化合物等。

生物防晒霜的优点：纳米级的分子小球是圆球体排列，密集度高，但可以让皮肤自由呼吸，轻薄透气，零负担；建立紫外线防护屏，抵御UVA与UVB给肌肤带来的伤害；赋予肌肤双重防护，防水防汗，滋润肌肤。

生物防晒霜的缺点：需要定时补涂。

防晒喷雾

防晒喷雾是新近涌现的简便型防晒产品。随身携带，方便涂抹，可以弥补长时间在户外无法重抹防晒乳的缺陷。同时没有一般防晒品的油腻烦恼，清爽自然，不会导致粉刺，不阻塞毛孔，防水，防汗，不含PABA（氨基苯酸）。

除了喷洒在全身和脸部，如果发现头发出现枯黄、干燥等现象，还可以直接把防晒喷雾用在头发上，可以帮助秀发一起达到防晒的目的。

新型防晒喷雾改良喷头后，即使瓶身360度旋转也能均匀喷洒肌肤，更便于使用，清爽不沾手，因此很受女性的欢迎。

防晒棒

脸部最细致敏感的双唇、脸颊、眼周肌肤、鼻子和前额也都是极易受到阳光照射的部位，因此需要特别呵护。所以商家又推出了专为它们设计的防晒棒。

防晒棒便于随身携带，可在照射阳光时立即涂抹；每两小时补涂一次，既不会让双眼感到刺激，又不会融化；高度防水防汗，同时也润泽肌肤。

TIPS：不同的肤质，应该选购不同的防晒霜：

1.油性皮肤：应该选购渗透力较强的水剂型、无油配方的防晒霜，使用起来清爽不油腻，不阻塞毛孔。千万不要使用防晒油，物理性防晒类的产品慎用。

2.痘痘皮肤：与油性皮肤选购防晒霜相同，但是当痘痘比较严重，发炎或者皮肤破损，就要暂停使用防晒霜，出门的时候只能采用遮挡的方法防晒。

3.干性皮肤：一定要选用质地滋润并添加了补水功效以及增强肌肤免疫力的防晒霜，有很多防晒霜已经增加了补水、抗氧化功效。

4.敏感性皮肤：为安全起见，敏感性皮肤推荐选择专业针对敏感性肤质的防晒霜，或者产品说明中明确写出“通过过敏性测试”“通过皮肤科医师对幼儿临床测试”“通过眼科医师测试”“不含香料、防腐剂”等说明文字，最好选择物理性防晒品。

最好的办法是，在购买之前先在自己的手腕内侧试用一下。10分钟内如果皮肤出现红、肿、痛、痒，说明自己对这种产品有过敏反应，可以试用比此防晒指数低一个倍数的产品。如果还有反应，则要放弃这个品牌的防晒霜。

挑选防晒霜的七大细节

1. 指数越高越油

越来越多的人喜欢纯物理防晒的防晒产品，因为它们不需要被皮肤吸收，只是在皮肤表面形成一层“防护膜”来反射紫外线，因而不会刺激皮肤，敏感的皮肤都可安全使用。但问题是，物理防晒剂二氧化钛、氧化锌都是只溶于油的粉剂，所以用量越多，防晒指数越高，产品也越油。

好在有防晒喷雾，它将物理防晒剂混合在挥发性的溶剂里，用之前摇匀，涂抹时非常润滑，过一会儿溶剂挥发，皮肤表面只剩下一层防晒粉雾，完全清爽不油。

2. 防晒不防水

即使是防水型的防晒霜，确切的意思也只是“耐水”，可在一定程度上保持遇水后的功效稳定性，但在游泳和大汗、擦汗之后，还是应及时补霜。

3. 防晒不要揉

防晒霜是拍的。取适量于指间或掌心，轻轻晕开后在需要防晒的部位拍开、拍匀即可。防晒霜分子很大，不要多揉、多按摩硬把它挤进毛孔，那样很容易“搓泥”，也会阻塞毛孔，反而降低了防晒功效。

4. 防晒加粉也清爽

别忽略了，防晒粉底液、防晒粉饼也是纯物理防晒，而且眼睛部位都好用的防晒产品。为了妆容持久，粉底液、粉饼的防晒指数都不会很高，质地绝对不油。还添加了保湿或控油、吸油成分，只要选对了产品，就可使缺水的皮肤更保湿，冒油的皮肤变舒爽。

5. 防晒要提前

化学防晒剂被皮肤吸收、转化需要一段时间，所以含化学防晒物质的防晒产品，必须在出门前（包括下班前）20分钟使用，否则刚涂上就出门，等于皮肤未及防护就暴露在紫外线的直射下。

6. 防晒要卸妆

防晒后一定要每天卸妆。因为防晒剂本身是油溶性的，其中的持久配方、防水配方成分，如果不彻底清理，很容易阻塞毛孔、引发痘痘。

7. 不要直接涂防晒霜

在涂抹防晒霜前应先完成日常护理步骤，也就是说，洁面、化妆水、面霜、隔离霜等都护理过了，再涂防晒霜。如果是身上涂防晒霜，也要先涂一层保湿乳液，不要让防晒霜直接与皮肤接触，这样既可以给皮肤补充一些水分，也能减少对皮肤的刺激。

09 精华：肌肤保养的“催化剂”

精华是护肤品中之极品，成分精致、功效强大、效果显著，始终保持着它的高贵和神秘。精华素含有微量元素、胶原蛋白、血清，它的作用有防衰老、抗皱、保湿、美白、去斑等。精华素分水剂、油剂两种，是由高营养物质浓缩而成。

精华产品是同类护肤品价格最高的单品，是因为同系列的精华素比面霜乳液含有更多的有效成分（精华素的有效成分浓度可以达到10%，而同系列面霜则只有1%），且不含保湿剂，能更有效地渗透肌肤。因此，大多数精华素是使用在面霜之前的。

精华素的分类

按功能区分

基础型精华素：主要以补水、控油或者调节水油平衡为主。

功能型精华素：这里就种类繁多了，有美白、紧致、抗老、抗氧化等。根据不同肤质的需求应该选择不同的精华素。

因为精华素的浓度较高，所以不建议在皮肤上叠加使用，营养太丰富，反而会造成吸收问题。但我们可以使用些技巧，日夜搭配不同的精华素来满足个人需求。白天以防护型、基础型精华素为主，比如抗氧化、补水、控油等；晚上则以修护型、调节型精华素为主，比如抗衰老、紧肤、美白等。

那么接着问题就来了，究竟多大年龄可以使用精华素呢？一般基础类精华素没有特别的年龄限制，主要用来加强护肤品的功效。而功能型里面的抗氧化精华素更是越早使用越好，只有紧致或者抗老化的精华素可以在25岁以后逐步加入到每天的护肤程序里，当然最重要的还是以你的肌肤状态而定。

按提取物区分

植物精华素：从各种野生或人工种植的植物中提取的精华素，如桑叶精华、玫瑰精华、金盏花精华等，最受欢迎的是芦荟，因其刺激性小，各类肤质都适用，主要效用是滋润、平衡水分和油脂分泌、消除红肿、减轻炎症。

果酸精华素：由水果果酸中提取的保养肌肤物质制成，如甜杏精华、柠檬精华、水蜜桃精华、苹果精华。果酸精华素具有较强的毛孔收敛功效，可使肌肤紧致光滑，但过敏性肤质不适用。

动物精华素：动物精华素所具有的抗皱、防干燥功效不容否认，如王浆精华、鲨烯精华等，它性质温厚、养分充足，适用于缺水性肌肤。

维生素精华素：从对皮肤有益的维生素中提取的精华，如维生素E精华、维生素C精华，不同的维生素精华有不同的功效，有很强的针对性。所有精华素都富含维生素E，对皮肤最有益处，通常的胶囊矿物精华素可补充肌肤所需的微量元素，适合工作繁重、压力较大的女性使用。维生素精华素针对性较强，但因不少维生素都属水溶性，必须采用按压密闭式小瓶包装，否则其浓缩成分的生物活性会大打折扣。

基因精华素：通过基因重组和生物工程技术取得，一种新型的水溶性高分子生物胶原蛋白制成的精华素，也叫类人胶原蛋白精华素。胶原蛋白精华素采用世界顶尖的纳米胶原配以透明质酸、灵芝、人参等精华部分，深层补充肌肤能量，全面增强细胞活力及弹性，增加皮肤紧密度，扩大皮肤张力，缩小毛孔，清除表皮暗淡代谢物，能令肌肤的每寸纹理都饱满、紧致，充满弹力。

按形态区分

精华液：适用于油性肤质，宜放在小瓶中，随时取用。

精华露：适用于中性肤质，比精华液稍浓，水、油成分比例适中。

精华素面膜：将精华素溶于面膜中，以敷面的方式促进肌肤对养分的吸收。适合家庭使用，操作简便。

精华素针剂：将精华素制成注射用药剂，效果迅速，但需专业美容师操作，只适用于专业美容院等机构。

精华素胶囊：各色形状可爱的胶囊，用针一刺，液体就冒出来了。挤在手上，薄薄涂于面部即可，适合外出携带。

按功效区分

修护精华：地位比较特殊，功效强大，可以起到“安内抚外”的作用。一方面，能补充肌肤所需要的营养、水分，强化肌肤天然抵抗力，抵御外界环境的侵害，让肌肤尽快恢复正常；另一方面，能加速细胞的修护与更新，提供细胞必需的氧气，带动皮肤新陈代谢，让肌肤更加明亮、紧致。干性、敏感性肌肤或晦暗、无光的肌肤尤其应加强使用这类产品。

抗衰老精华：抗衰老精华的地位举足轻重，它能够神奇地抚平你眼角、嘴角上的小细纹，或是延缓肌肤老化的速度。当你发现脸颊很多地方的皮肤开始松弛，皱纹多了起来，尤其是眼角的鱼尾纹愈发明显，这个时候，就该使用抗衰老功效精华素了。当前的抗衰老精华，无论是成分还是技术都已经非常高端，修护细胞、修护DNA等高尖科技，让这类产品有了很好的延缓皱纹产生，甚至是抚平细纹干纹的神奇功效。

美白精华：美白精华是美白系列中最为昂贵精致的一支。成分能够由肌肤表面进入到肌肤的基底层，作用在麦拉宁细胞上，阻止黑色素产生，最终达到淡化斑点、均匀肤色的目的。有些活性成分甚至可以在皮肤各层发挥美白效果，令肌肤更明亮有光泽。美白精华并不见得只在夏天使用，当你发现肤色暗沉、无光彩时，可以试试美白精华，效果很不错。

美白精华贴心蜜语

1.一定要在化妆水之后用。一般来说，美白精华素是美白程序中的第三步，也就是洁面、化妆水之后的那一步，千万不要在乳液或乳霜之后使用，那样，精华素中的精华就只能被乳液或乳霜吸收而使功效大减。

2.用量不必多。精华素一般为浓缩成分，用量不需多，使用过多一是容易引起皮肤过敏，二也是一种浪费。一般为两三颗黄豆粒大小就可以，如果皮肤特干或年龄较大可稍微加些量。

3.用后稍加按摩。美白精华素涂在脸上，稍稍加上一点按摩动作，能更有效地促进成分吸收。

4.不要长期使用。即使非常想美白，最好也不要长期使用美白精华素。长期使用，细胞的反应就不再灵敏，效果也不会明显，让肌肤歇一段时间后再使用效果更好。

5.晚上使用效果好。美白精华液通常含有精纯的维生素C成分以及一些具有光敏感性的成分，白天使用经日晒后会让功效大打折扣，晚上正是皮肤新陈代谢的黄金时间，有助于发挥精华的最大功效。

6.月经过后一周使用效果加倍。女人的身体很奇妙，月经过后的一周雌性激素大大增加，皮肤的状况会特别好，这个时候使用美白精华液可以最大化吸收美白成分，并快速进行“成果转化”。

7.按压手法促进吸收。使用美白精华液的时候可以使用轻轻按压的手法，利用手掌的温度，轻轻捂在脸颊上，帮助精华更全面地吸收。

8.局部特殊护理。有些人会有肤色不均匀的肌肤问题，如眼周围、法令纹、鼻翼两边、嘴角等部位发黄，这种情况可以在已经全脸都擦好精华液的基础上再在这些部位进行双层护理，改善肤色不均匀的问题。

9.精华+面膜，吸收更好。我们常做的面膜一般是补水或美白的，想要美白效果更好，可以使用精华+面膜搭配法，面膜之前在脸上擦抹一层精华液，再敷上面膜，吸收效果会翻倍。

保湿精华：保湿精华重在锁水补水。保湿精华的使用会使肌肤缺水症状得到有效缓解。同时，保湿因子的大量使用也使真皮层的“胶状”本质得到维持，使肌肤真皮层中其他组成分子的健康与功能不致受到影响。玻尿酸、黏多醣体、氨基酸、尿素、乳酸钠及胜肽类都是极佳的天然保湿因子。

关于精华素的使用

很多女性，尤其是油性皮肤的女性，一般用完精华素后直接就睡觉了，这是非常错误的做法。由于很多精华素是水质的，不含有任何油分，目的是使皮肤能够迅速吸收，渗透到皮下深层去补充营养。但是相对的，精华素也没有锁水能力。因此，如果把精华素当作护肤的最后一步，有可能使原来的干性皮肤越来越干，油性皮肤越来越油。

当肌肤因季节交替变得粗糙干燥，因压力过大变得疲倦无光，因长途旅行、长时间晒伤而使皮肤原本的均衡被破坏，因年龄或荷尔蒙的改变而出现衰老时，你就应该试试神秘的精华素了。

干性皮肤应选择保湿成分较多、锁水性较好的精华素。干性皮肤特别需要精华素的呵护，可在夏天选用较稀的乳霜状类，而在冬天则选用较浓稠的乳霜状精华素来加强润泽效果。

中性皮肤可以涂抹一些自身需要的各类精华素或精华液，如美白、除皱等。唯一需要注意的是，白天最好选用含SPF防晒系数的精华素。

油性皮肤则要选用能够控制油脂分泌、收缩毛孔的精华液。也提倡将各种精华混搭，但注意精华是不能天天使用的！

10 面膜："魔力无限"

最让达人热捧的保养品莫过于面膜了，但是面膜的选用也是很讲究的。下面会将各类面膜的优缺点与适用性一一详解。

清洁面膜的分类

以清洁为主要目的的面膜，不论产品性状如何，都必须将制品涂抹在脸上，且厚度必须能达到阻隔皮肤与外界环境的效果。也就是让皮肤维持在“密不透气”的状态。这么做的目的是要让皮肤表面温度提升、毛孔扩张、皮肤油脂软化以及使老化角质软化松动。大约20分钟时间，洗去或撕去面膜，再用温水洗净，脸部大扫除才算是大功告成。

基本上，油性肤质者可以选择具有吸脂性的泥膏产品，例如含高岭土成分的。但注意，并不是所有泥膏型制品都是属于强吸脂性的。干性肤质者，则可选择敷面剂中还加入少量油性成分者，像酪梨油、小麦胚芽油之类的油脂，这可避免敷脸的过程让皮肤觉得紧绷不适。

MM们不用质疑清洁敷脸加入油性成分是否适当。清洁敷脸的重点是，让皮肤密不透气。

泥膏型面膜

泥膏型面膜的清洁基质是粉剂：主要有高岭土、膨润土、淀粉质衍生物、天然泥（例如海泥、河泥、矿泥等）、碳酸镁、碳酸钙等。

就吸脂力而言，高岭土的吸脂性最好。因此，油性肌肤专用的敷面泥，会以高岭土为主要成分。

高岭土的别名为中国黏土，化学成分为硅酸铝，品质差异大。品质差者，敷脸时会造成对皮肤的刺激，敷完后脸部会过敏刺痒，起红疹。

另外，黄豆粉也有极佳的吸脂力，但因植物成分有变质及滋生微生物的问题，所以很少加入敷面泥配方中。

除了高岭土及黄豆粉之外，其他的粉剂并无特别强的吸脂性。通常就是作为涂擦在皮肤上的基质，涂上厚厚的一层，使皮肤与外界完全阻隔。

配方中通常会使用多元醇类的保湿剂，一来可达到保湿的功效，二来可以辅助防腐剂的防腐效果。

● 这里要特别说明一下，泥膏状的制品最容易滋生细菌微生物。特别是以微细粉粒调和成的水性泥膏，若不加以防腐，很容易成为细菌滋生的温床。所以，与各种不同性状的敷面制品比较起来，泥膏状面膜为了治菌，必须加倍地使用防腐剂。因而，有些过敏性肤质的人，用泥膏状面膜会有过敏现象。这极可能是对于高浓度的防腐剂产生的过敏反应，因此敏感性肤质的MM，必须小心选择。

有些人不喜欢使用泥膏状面膜，是因为大多数的泥膏状制品，都必须再经水洗的步骤，才能清除这些敷面泥。这确实是件很麻烦的事。但敷面泥有其优点，它含有表面活性剂及足量的水。可以在气密过程中非常有效地软化阻塞在毛孔口的硬化皮肤油脂，使后续的清洁工作较为容易。

这道理跟洗澡一样。身上的油垢，往往在香皂涂擦及水的软化下，让你能搓出很多的垢。在美容院里，经过泥膏型清洁敷脸后，鼻头上的粉刺，只要用青春棒轻轻地压过，就能挤压出来。其去除鼻头粉刺的效果，可媲美用蒸汽蒸脸。对不适宜用蒸汽的干性皮肤，其实是很不错的敷脸选择。

泥膏型面膜小常识

辨识有效成分：

高岭土等矿物泥、海泥是基本成分，还会添加多元醇保湿剂（例如甘油、丙二醇、丁二醇等）、油性护肤成分（例如小麦胚芽油、酪梨油等）。

有效指数：

★★★★★

清洁吸脂效果很好，软化皮肤油脂、污垢、角质效果佳。

安全指数：

★★★★

任何肤质的MM都适用，但过敏性肌肤的MM要谨慎挑选适合自己的。

贴心蜜语

泥膏状面膜含较高的防腐剂，使用时应注意皮肤反应。最安全的泥膏面膜，是使用前再将敷面粉与调理水相混合，这样可降低防腐剂的用量。

撕剥型面膜

撕剥型面膜，是指敷面剂干燥时可在脸上形成一层胶膜的制品。

撕剥型面膜会在高分子胶的干燥过程中，附着已经脱落的角质。所以，当所使用的高分子胶属于强附着力型者，就会有更强的拔除粉刺效果。

但撕剥型清洁面膜无法具备良好的保湿效果，是因为加入保湿剂，水分不易蒸发，会延长面膜干燥的时间，甚至无法干燥。面膜若无法干燥固化，就无法撕剥下来。

撕剥型面膜所添加的辅剂一般是植物萃取液及抗炎、抗过敏的成分。因其酒精含量高，故配方本身就具有灭菌的作用。若添加防腐剂，用量也较其他面膜要低。所以，在防腐剂方面是比较安全的。

撕剥型面膜也有缺点，就是软化毛孔中固化皮肤油脂的效果不佳。这是因为在敷脸的过程中，皮肤并未被足量的水分、乳化剂所软化，甚至在酒精挥发干燥过程中，把脸上的水分也给带走了。所以，借助高分子胶的附着力，只能除去老化角质，无法净化毛孔。就算你使用了具有强附着力的拔粉刺制品，仍无法将脸上毛孔中所有的粉刺全部清洁干净。反而可能会因为过强的附着力，伤及角质。

撕剥型面膜小常识

辨识有效成分：

高分子胶、水、酒精是基本成分，会添加水性护肤成分，例如小黄瓜萃取液、柠檬、果酸萃取液等。

有效指数：

★★★

使用方便，但清洁皮肤油脂效果不佳，适合健康及油性肌肤的MM使用。

安全指数：

★★★

撕剥型面膜中酒精的浓度通常不低于10%。这对一般肌肤来说，已经是有感度的刺激了。因此，过敏性肤质或有化脓性伤口的皮肤忌用。

贴心蜜语

选择撕剥型产品，不要对保湿效果过度期待。含镇静、安抚成分者，可缓和酒精对皮肤的刺激。

拔除式面膜

现今流行的粉刺专用面膜，不论是鼻头专用的纸贴，或是像树脂般的胶状液，最后都是用撕剥的方式除去脸上的粉刺、黑头。

使用后可以看得到撕下来的面膜上，黏着大大小小的皮肤油脂粉刺。而且会发现这些皮肤油脂粉刺颜色显得干黄，这是因为皮肤油脂没被水浸润过的缘故。

拔除式面膜的黏着力，主要是借由强力溶剂（主要由苯甲醇、碱剂、强渗透力的表面活性剂所组成）渗入毛孔中，先对老化细胞进行溶解，以促进固化皮肤油脂的松动。再利用强附着力的树脂胶，附着松动的粉刺。当面膜干时，快速一撕，粉刺就被粘上来了。

将前述三种形式的面膜进行比较，则拔除式面膜的成分最具刺激性。

拔除式面膜小常识

辨识有效成分：

强力溶剂、表面活性剂、碱剂、高分子胶是基本成分，会添加抗炎、抗刺激、抗过敏成分。

有效指数：

★★★★

强撕剥力，除深层粉刺较为方便，健康、油性肌肤、闭锁性面疱型肌肤适用。

安全指数：

★★★

过敏、干性、角质薄的肌肤及化脓性肌肤忌用。

贴心蜜语

强力撕剥的粉刺面膜，往往会将脸上未达代谢条件的角质层也一起吸附、撕剥而下，造成皮肤伤害。对化脓型面疱肌肤威胁最大，往往造成伤口破裂。

就皮肤健康来考虑，拔除式面膜是不宜经常使用的。

果冻型清洁面膜

使用果冻型面膜做清洁敷脸，一定要注意涂敷的厚度要足够才具实效。

敷面冻的清洁效果，虽也是靠着厚厚的冻胶隔绝皮肤与外界，但是，冻胶本身既无泥膏型吸附油脂的功效，也无撕剥型附着老化角质的作用。因此敷面冻要有效清洁皮肤，必须能软化角质及皮肤油脂，也就是借助敷面冻中的水分及保湿剂去滋润角质，并使固着的皮肤油脂软化。

所以，当拭去果冻面膜后，往往必须再洗脸或用挤粉刺的工具，去清除毛孔口已被软化的皮肤油脂。

敷面冻清洁力较弱，却有益于伤口性肌肤。与其他种类相比较，敷面冻的洁肤效果自然不太好，但对于过敏皮肤及已经化脓的面疱皮肤，却是较为温和的选择。

但过敏肌肤的MM在挑选果冻型面膜的时候还要特别注意一点，就是避免使用碱性配方或添加高去脂力的表面活性剂配方的果冻型面膜。通常，强调敷脸后可以直接用水清洗或同时可作为洗面冻的果冻面膜，是百分之百含有表面活性剂的。

果冻型面膜小常识

辨识有效成分：

高分子胶、水、保湿剂是基本成分，会添加碱剂、表面活性剂、植物萃取等帮助软化污垢。

有效指数：

★★★★★

含碱剂或者果酸者，清洁力会加强，但相对具有刺激性。去角质能力好。（化脓性肌肤、过敏性肌肤、中干性肌肤适用）

安全指数：

★★★★

油性肤质、皮肤油脂污垢严重的MM忌用。

贴心蜜语：

对于健康肌肤的MM来说，果冻型面膜用法简便，但效果可能不如预期。可选择性地使用，例如选择含果酸的敷面冻，作为去角质目的地敷脸。

保养面膜的分类

保养类面膜最重要的功能就是保湿。对皮肤的价值与营养霜是相同的。只不过，以敷脸的方式，看到的保湿效果更为快速。因为敷脸的过程，可以有效补充角质蛋白的水分，促进角质水合现象。所以，敷完脸后，会拥有水灵灵的肤触。

当然，保养性敷脸，功用不只保湿一种，还可以加强其他理疗功效，像美白去斑、治痘、消炎、镇定、抗老、除皱等。

一般性肌肤，若适度地去除粗糙角质，又补充角质层的水分，就能短暂拥有细致且晶莹剔透的感觉。为什么说是短暂拥有呢？因为面膜类制品是针对角质层的保湿，角质层既容易以外来的方式补充水分，当然也容易流失掉这些水分。所以，保湿性敷脸后，希望效果持久一些，擦上一层含油脂的面霜防止水分散失，绝对有必要，效果会好很多。

这类敷面制品与皮肤间的气密要求不太高，因为滋润成分主要作用在皮肤的表皮层，成分本身的附着力、渗透性与分子特性才是效果的关键。

按材质区分

A. 布类面膜

布类面膜是将调配好的高浓度保养精华液吸附在布类上，一般市场上的都是无纺布类，属于合成的布，也有少部分是天然棉布。

优点：保湿补水效果很好，可以使美白、抗衰老等成分渗透。

缺点：没有清洁效果，不适合深层洁肤。

B. 蚕丝面膜

蚕丝面膜中天然蚕丝的结构与人体肌肤极相似，其制成的薄膜，有人体“第二皮肤”的美称。由于蚕丝的特殊性质，用蚕丝面膜敷脸比一般面膜更有效果。但要说起来，它还是应该属于布类面膜。

优点：蚕丝蛋白含有18种氨基酸，透气性好，吸水性极佳。

缺点：价格昂贵。

C. 泥膏型面膜

纯保养用的敷面泥，通常所选用的泥膏基质不是高岭土之类强调吸脂性的粉体，而是海泥、冰河泥、火山泥、海藻等，是较为天然且富含营养价值、低刺激性的泥膏。

优点：清透毛孔、补充角质水分的功效很好，去痘、去斑、均匀肤色等功效比较突出。

缺点：此类面膜多含防腐剂，矿物质含量高，敏感性肌肤最好还是少用。

D. 乳霜型面膜

乳霜型面膜通常采用一些高吸水的成分，配合具有亮泽度并锁水的油脂，调制成乳霜状，使用时涂上厚厚的一层敷在脸上，使肌肤有“饱吃大餐”的效果。乳霜状面膜的成分多被油脂包围，因此较易被吸收。

但乳霜型面膜对于肌肤的改善原理与面霜相同，只不过用敷面的方式保湿效果更明显，可以达到水润的视觉效果。效果相当于一般晚霜，敷完后擦拭干净即可。

优点：营养充分，有美白、保湿、舒缓等效果；质地温和，敏感性肌肤也可使用。

缺点：秋冬干燥使用好，夏天用多了容易阻塞毛孔。

E. 免洗型面膜

此类面膜因标榜无须冲洗，使用方便，很受MM们欢迎。

优点：（1）免清洗，方便操作，可敷面，可按摩，达到高效滋养肌肤的功效。

（2）亲肤性高，可快速渗透进肌肤，让肌肤充分吸收美肤能量，某些免洗面膜更可替代晚霜使用。

（3）有效软化角质，使肌肤更柔软。

（4）适用于各种皮肤。

缺点：因为直接涂在脸上，暴露在空气中，水分营养很容易被空气吸收。

F. 膜粉型面膜

膜粉型面膜是美容院常见的一种面膜，用水和软膜粉混合后，涂抹在脸上，15分钟后成膜，然后轻轻撕下。

优点：有效保养面部肌肤，可以使美白、镇定、去斑等有效成分渗透进肌肤，使皮肤得到有效改善。

缺点：配比不好掌握，且需要配合专业按摩手法。

按功效区分

A. 保湿补水面膜

保湿补水面膜的作用主要是补水、保湿，就是将调配好的高浓度保湿美容液，吸附在布类面膜上，方便MM们使用。使用后，肌肤会有“水”“亮”的质感。“水”的质感指的就是高保湿效果；“亮”的感觉，是油脂类的成分，造成光线反射的效果。这类面膜大多是布类面膜或是胶原蛋白面膜，因为包装材料的改进，可以单片处理成无菌包装，所以几乎不需另行添加防腐剂。

保湿补水面膜小常识

辨识有效成分：

多元醇类、天然保湿因子、氨基酸类及高分子生化类（胶原蛋白等）。

有效指数：

★★★★★

能够迅速补充角质水分，帮助肌肤吸收营养，补水保湿效果极好。

安全指数：

★★★★★

所有肌肤都适用。

贴心蜜语

保湿补水面膜是每个MM必备的神器，甚至可以天天使用，皮肤也不会被“撑饱”，反而会使其他保养品的有效成分更容易被肌肤吸收。

B. 美白面膜

有不少MM问过我，为什么她们用了很久美白面膜也没有白？这里我要说一下，不是所有人用了美白面膜都会白，必须具备某些条件，肌肤才会白。

首先，黑色素斑本身必须是后天性斑或浅层色斑；其次，选择的美白成分要能有效渗入到皮肤的基底层；另外，产品最好添加促进细胞新陈代谢的成分。

所谓浅层斑，主要指的是因日晒引起的晒斑，或因日晒而加重色素的黄褐斑、雀斑。

提起有效的美白成分，可应用的美白成分有很多种，每一种又各具特色。但不是每个人都适合。健康肤质者，可以有较大的选择空间。例如，搭配果酸与曲酸、熊果素的产品，是典型的酸性产品，可以有效美白，促进角质代谢，达到美白且去角质的功能。干性肌肤的MM可以选择维生素C，搭配口服，效果会较佳。过敏性肌肤者，则可以选择甘草、桑葚萃取物等成分，以减少皮肤对酸性制品的负担。老化缺水的肌肤，就适合选择含胎盘素的面膜，可以美白并增强细胞的再生功能，改善肤质。

美白面膜小常识

辨识有效成分：

多元醇类、天然保湿因子、氨基酸类及高分子生化类（胶原蛋白等）是基础。酸性制品有效美白的成分为含果酸、曲酸、熊果素、维生素C；中性制品有效美白成分为甘草、胎盘素、桑葚萃取物、美拉白等。

有效指数：

★★★

浅层色斑有些效果，均匀肤色的效果不错。

安全指数：

★★★

要有针对性地挑选美白面膜，例如敏感性肌肤要避免选择含有酸性美白成分的面膜。

贴心蜜语

美白面膜只能均匀地淡化黑色素，无法重点式地去除斑点。对深层的色斑，则无淡化效果。

C. 镇定安抚面膜

以镇定安抚皮肤为目的的面膜，主要的使用对象是日晒过度的肌肤，亦即晒伤的皮肤。另外，由于其含有消炎成分，对过敏红肿、面疱红肿的肌肤也有治疗、镇定安抚的作用。对于没有起疹子或红肿、晒伤的肌肤，基本上不需要特别做镇定安抚的面膜，如果经常使用，会降低皮肤的通透性，使角质肥厚、肤质恶化，有碍肌肤健康。

镇定安抚面膜小常识

辨识有效成分：

以泥膏（特别是海泥）或冻胶为基质，加入镇定安抚成分而成。对晒伤、过敏红肿的皮肤，可起到消炎镇痛的功效，有效成分为甘菊蓝、甜没药萜醇、尿囊素、甘草精。具辅助护理效果的成分有芦荟、甘菊、金缕梅等植物萃取液。还会添加维生素E、SOD、SPD等防止皮肤被过氧化自由基伤害的成分。

有效指数：

★★★★★

适用于有过敏现象、晒伤及红肿、面疱发炎红肿的肌肤，镇定安抚的效果相当明显。

安全指数：

★★★★

有不良商家会添加药物镇定成分，比如类固醇，甚至激素等。MM们参考成分时一定要注意。

贴心蜜语

健康肌肤不需做镇定安抚敷脸。选择安抚消炎性敷面剂，应避免碱剂的配方，防止刺激肌肤。

D. 抗老除皱面膜

抗老化保养品的理想，当然是极力挽留青春，但实际上却无法办到。所以，保养品只能延缓肌肤老化、改善已经发生的皮肤老化现象。

当然老化不只是皮肤保养的问题。身体的健康状况，可以影响到肤质、气色。压力，也是皮肤老化的杀手。据报道指出，压力会使紫外线晒伤所产生的发炎现象更加严重，同时色素沉着的现象更明显。又譬如长久处于紧张状态下，这种压力会引发循环机能亢进，长时间精神紧绷，对皮肤的老化也有间接性的影响。

不良的饮食习惯、烟酒嗜好、作息不正常等，也都是造成皮肤老化的原因。所以，肌肤之美，不能只依靠保养品。生活的调适，占极关键的角色。

抗老化保养品，必须能够积极解决皮肤干燥缺水、代谢缓慢、胶原蛋白缺乏、弹力蛋白无法再生以及皮肤免疫系统功能减退等问题。抗老化保养品，必须含有抗老化成分，再搭配防晒、去角质、油脂保水成分等。

抗老去皱面膜小常识

辨识有效成分：

维生素A酸（又名视黄酸）、透明质酸（玻尿酸）、神经酰胺、胎盘素、胸腺萃取、酶、胶原蛋白等。

有效指数：

★★★

要想使抗衰老成分有效渗透到肌肤深层，保湿补水的效果必须好。所有肌肤都适用。

安全指数：

★★★

因为含有果酸等成分，敏感肌肤的MM要慎重挑选，另外油性肌肤的MM不适宜在夏天使用。

贴心蜜语

抗老步骤：

先除皱、去角质——维生素A酸、果酸、水杨酸。

保湿、润肤——透明质酸、胎盘素、神经酰胺、胸腺萃取物、DNA。

抗氧化、捕捉自由基——SOD、SPD、维生素E、维生素C。

增强皮肤免疫力——Glucan、细胞生长因子、神经酰胺。

抗老配套——防晒，规律生活，配合健康食品。

面膜使用小提醒

1. 清洁类的面膜每天使用容易引起肌肤敏感，甚至红肿，令尚未成熟的角质层失去抵御外来侵害的能力，所以一般建议一周用1—2次。

2. 滋润面膜如果每天用的话，皮肤吸收较差的人很容易毛孔阻塞，肌肤的废物得不到排除，从而引起暗疮，滋生痘痘。

3. 补水面膜是最安全的。

4. 敷面膜的时间并不是越长越好，时间的“超支”，会导致肌肤失水、失养。一般可以这样估算敷面膜的时间：水分含量适中的，大约15分钟就可以洗掉，以免面膜干后反而从肌肤中吸收水分；水分含量高的，可以多用一会儿，但最多25分钟就要洗掉；深层清洁，去死皮的面膜，对干性、敏感性肌肤来说更需要缩短敷用的时间。

5. 敏感性肌肤容易出现发红、红疹或瘙痒等过敏现象，所以挑选面膜时要加倍小心，避免使用含有酒精、香料、果酸或活性成分的面膜。对于一般的敏感性皮肤而言，也不是完全不能用面膜的，只要选择得当，也是可以像其他正常肌肤一样敷面膜的，只是在做之前一定要做敏感测试。

6. 晚上是敷面膜的最佳时段，晚上10点到12点，这个时间是每天肌肤最放松的时间，也是肌肤自我修护的最佳时段，临睡前给肌肤做一个面膜是给肌肤一顿滋补“大餐”！

7. 敷面膜之前一定要先清洁皮肤，这样可以去老化角质，让皮肤最大限度地吸收面膜中的成分。

8. 洗完澡后敷脸效果最好，洗完澡或泡完澡后毛孔张开且肌肤水分充足，这个时候敷脸效果最好。

9. 清洗掉面膜后做按摩，清洗掉面膜后脸上常留有大量精华，加以按摩能够帮助肌肤吸收面膜的精华成分，如果不喜欢太黏，可以用干面巾纸稍做擦拭。

10. 如果在敷面膜时感到不适，如出现持续的痒、红斑现象，需要立即清洗！有些面膜虽然经过抗敏测试，但每个人的过敏原是不一样的。

11 眼霜：明眸电眼，魅力十足

护肤品里有些东西是绝对不可以省钱的，眼霜就是其中之一。小小15Ml眼霜的价钱不逊于一瓶50Ml的面霜。那么究竟是什么让它的价格如此不菲？我们又该怎么选择最适合自己的眼霜呢？

眼周肌肤是我们脸部肌肤的1/4—1/7厚，所以最好避免在眼周使用面霜，那么多的营养成分它根本无法吸收。不小心就会弄出脂肪粒，得不偿失。一般来说，20岁就可以使用眼霜了。尤其是大眼睛、爱笑的美眉，非常容易出现细纹。但是这个年龄段如果有细纹，其实大部分都是干燥造成的，根本用不着使用营养成分充足的眼霜，太早启用高营养眼霜反而不好。入门级眼霜，我推荐效果最简单的、质地清爽的保湿眼霜。

眼霜有滋润的功效，除了可以减低黑眼圈、眼袋的问题外，同时也具备改善皱纹、细纹的功效，但是不同的眼霜有不同的作用。从功能上分为滋润眼霜、紧实眼霜、抗老化眼霜、抗敏眼霜等。

女性眼部问题多为黑眼圈、细纹和眼袋。尤其是黑眼圈，虽然市面上很多眼霜都打着可以去黑眼圈的旗号，但是真正有效的却是少之又少。因为造成黑眼圈的原因很复杂，有后天的和先天的原因。后天的原因包括卸妆不干净造成的色素沉淀，或者由于长期睡眠不足造成的血液循环问题等。你首先要分清楚自己是什么类型的黑眼圈，再有选择性地去挑眼霜。

眼部最初的细纹都是缺水造成的。因此25岁以下，只要稍微用眼霜滋润一下，立刻就会得到缓解。但是如不重视它，随着年龄的增长，皮下胶原蛋白流失，这些干纹会慢慢转换为永久性的皱纹，再想去除就很困难。所以关于眼部，我们要在问题出现前及早预防。

那么怎么去分辨黑眼圈的类型呢？有个非常简单的方法。对着镜子用手指轻轻将眼部下面的肌肤往后推。如果黑色的部分跟着你的手指一起移动，那么恭喜你，你只是因为血液循环问题造成的黑眼圈，多休息，多放松自然就可以缓解。如果黑色部分没有随着手指移动，而是停留在原地，那么你的黑眼圈就是色素沉淀的结果，这类黑眼圈无论是淡化还是去除都要比前一种困难很多。

眼霜中常用到的有效成分：

去黑眼圈的有效成分

假叶树成分：促进血液循环，防止并消除黑眼圈。

接骨木植物提取液：对改善黑眼圈和浮肿特别有效。

天然云母成分：调养眼部肌肤，淡化黑眼圈。

咖啡因：促进皮肤循环，达到淡化黑眼圈的功效。

柑橘萃取：能够促进微细循环，改善黑眼圈及浮肿。

减少细纹的有效成分

精纯维生素A：作用于皮肤深层，调节细胞角化过程，促进生成胶原纤维和弹性纤维，能有效去除细纹，抚平皱纹。

多重复合维生素：能最大限度地发挥维生素效能，增加肌肤的结实度和光泽度。

精纯维生素E：作用于皮肤深层，有效保湿补水，让眼睛周围肌肤水嫩，消除细纹。

维生素A衍生物（A酯）：可以增加胶原蛋白的制造，改善肌肤的纹路。

维生素E酯：抗氧化，防止肌肤受外界环境伤害，帮助抚平肌肤细纹。

去眼袋水肿的有效成分

甘菊精华、芦荟精华：舒缓瘀血，可以缓解疲劳和眼部浮肿。

玫瑰精华：具有良好的排水作用，能预防和减少因水分积聚产生的浮肿。

补水保湿的有效成分

除去保湿补水常用的有效成分外，以下几种成分经常用到眼霜中：

大豆卵磷脂、小麦胚芽油：内含柔软因子和丝氨酸，滋润活化肌肤，减少干燥。

植物分子钉：天然植物所萃取的锁水因子，能为肌肤筑起长效锁水墙，防止水分流失。

复合氨基酸：包含丝氨酸、精氨酸、甘氨酸、麸氨酸等多种氨基酸，为蕴含于肌肤角质层的天然保湿因子，分子细致，能强化肌肤的锁水保湿功效。

水解蚕丝蛋白：可以保护肌肤免于失水干燥，并且可赋予肌肤柔滑感。

乳油木果油：含天然植物固醇，具有修护脱皮受损肌肤的效果，同时赋予肌肤长时间的滋润度。

CHAPTER 3

对症下药，肌肤逆龄生长

美容护肤是每个爱美女性每天的必做功课，我们应该学会的是听听自己肌肤的声音，看看它们究竟需要怎样的护理，而不是按照我们主观的要求去护肤，这样有时候不但没有效果，反而皮肤会越护越差。美容护肤，以护为主。护得科学，护得恰到好处才是我们需要了解和掌握的技巧。我们仅仅需要学习习一些日常的护肤细节和护肤技巧，对症下药，就能做到省钱省力，同时获得娇嫩美肌。

01 告别“爆皮”一族（干性肌肤）

典型特征

干性皮肤最显著的特性是：皮肤油脂分泌少，角质层含水分较少，皮肤干燥，缺少光泽，并容易产生细小皱纹，毛细血管表浅，易破裂，对外界刺激比较敏感，皮肤易生红斑，其pH值在4.5—5之间。干性皮肤比较柔嫩、敏感，受外界物理性、化学性要素和紫外线与粉尘等影响，就会发生过敏现象。眼部易出现皱纹和皮肤松弛现象，眼角和两颊易出现脱屑现象。在寒冷干燥季节，角质层在皮肤表面呈粉屑状，易生皲裂。

不过，干性皮肤也有优点，就是表面上显得比较精致，毛孔细小不显著；也不易吸附污垢，不大会有不清洁的感觉，较少阻塞毛孔，没有黑头粉刺的困扰；而且，大多干性皮肤的MM都比较白皙。

干性肌肤的分类

a．缺水性干性肌肤

这类肌肤的MM，有很多是不晓得自己属于干性肌肤的，因为她们的皮肤油脂腺没有问题，只是因为照顾护理不妥或其他缘由造成肌肤非常缺水。肌肤外部水分与皮肤油脂不均衡，导致皮肤反应性地安慰皮肤油脂腺排泄增长，形成一种“外油内干”的局面。许多MM看到自己满脸油光就会拼命控油。然而，缺水性干性肌肤最忌讳用强性控油产品和吸油纸。由于这两样工具只能临时去油，脸上没有了油脂的维护，皮肤油脂腺会分泌更多的油脂来保护皮肤，没多久就会油光重现。其实只要肌肤不缺水，油光也就自然而然消失了。

b．缺油性干性肌肤

这类肌肤的MM一般都晓得自己是干性肌肤，由于她们皮肤油脂腺排泄皮质较少，肌肤不可以实时、充沛地锁住水分而显得枯燥，缺乏光泽，对外界比较敏感。缺油性干性肌肤的MM需留意，选择护肤品时不可以纯考虑补水，还要考虑增补油脂。由于这类肌肤的皮肤油脂腺缺乏，不可以补充肌肤所需的油脂，只单纯补水的话，肌肤没有锁水能力，补得快，蒸发得也快，只能形成“越补越干”的恶性循环。

护肤要点

温和清洁

a. 一定要选用含有温和表面活性剂（浓缩蛋白质脂肪酸、胡藻碱、植物精油）成分的柔和、抗敏感洁面产品洗脸，因其脂质和保湿因子的含量较高。而一般的肥皂或洁面品会使皮肤干燥，过早出现皱纹。

b. 如果皮肤特别干燥，可以只在晚上用温水配合卸妆乳液和柔和抗敏感洗面奶洗脸，早上不用任何洁面品，只用温水洗即可。

日间护理

a. 洗面后，不要擦得太干。当它还微微有点湿润时马上搽滋养成分高的温和抗敏润肤水，迅速补充脂质和平衡酸碱值。

b. 特别要注重皮肤表面水脂质膜的修复和加强，选择成分足、质量好、添加保湿成分、防护性强的日霜是非常重要的。抹润肤产品时，要让其慢慢地渗入皮肤，用中指轻轻画圈按摩，注意不要使劲揉搓皮肤。

c. 保湿喷雾是最方便有效的补水秘方，一支对皮肤好的喷雾，必须包含微粒矿物分子。因矿物本身含有大量营养，可以有效加强皮肤自我修护的能力。

夜间护理

a. 眼部是夜间保养时的重点，选择眼部保养品时，尽量以滋润补水为主。

b. 面部使用含有滋润、营养成分的晚霜，也是尽量以滋润补水为主。如果皮肤非常敏感干燥，在涂晚霜之前，最好抹上具高度滋养效果的活细胞精华素或玫瑰精油，它能防止肌肤老化，抗皱纹，实现深层滋养、再生。

选择清洁护肤品时，宜用不含碱性物质的膏霜型洁肤品，有时也可不用洁面产品，只用清水洗脸。以免抑制皮肤油脂和汗液的分泌，使得皮肤更加干燥。

早晨，宜用冷霜或乳液滋润皮肤，再用收敛性化妆水调整皮肤，涂足量营养霜。

晚上，要用足量的乳液、营养性化妆水、营养霜。另外， 睡前可用温水清洁皮肤，然后按摩3—5分钟，以改善面部的血液循环，并适当地使用晚霜。次日清晨洁面后，使用乳液或营养霜，来保持皮肤的滋润。

同时，干性肌肤的MM要注意不能过多地去角质，并且一年四季加强防晒，避免产生小斑点和光老化。

02 水润“前规则”（油性肌肤）

典型特征

洗完脸后什么都不涂，15分钟后，脸部一点紧绷感觉也没有，1小时后用吸油纸就可以吸到油，这就是油性皮肤的典型特征。上粉后很容易脱妆、毛孔明显，容易出粉刺黑头，多数人肤色偏暗，皮肤油腻光亮，甚至可以出现橘皮样外观，其pH值在5.6—6.6之间，很容易黏附灰尘和污物，引起皮肤的感染与痤疮等。

油性皮肤呈现的状况不都是一样的，大致分为四种：

1. 单纯的油性皮肤：表现为油光满面，毛孔粗大，但无其他症状。

2. 油性缺水性皮肤：表现为水油不平衡，水分锁不住，常有外油内干的感觉，严重时还有脱皮现象。

3. 油性青春痘皮肤：表现为油光和毛孔都不太明显，只是有少数青春痘。

4. 油性痤疮皮肤：表现为油光满面，毛孔粗大，并长有较多粉刺痤疮。

拥有油性肌肤最大的好处是出油多，肌肤有这层天然保湿屏障，帮助表层的皮肤保留水分，免受环境中干燥因素的侵害，不容易出现干纹细纹。油性肌肤比其他肤质更饱满，不显老，而且特别不易敏感。

出油越多的脸，越有可能干燥缺水，如果不用心护理，一不留神就能成为糟糕透顶的油性敏感干燥缺水性肌肤！

护肤要点

清洁工作

每天至少要彻底洗脸两次，早上起床后一次，晚上临睡前一次。洗脸前，要先将双手洗净，手脏或沾有油时洗面奶不容易发泡。待洗面奶充分发泡后再轻轻地涂在脸部，不能用力过猛，否则会伤害皮肤的角质层。

如果你有化妆的习惯，一定要先使用卸妆液卸除彩妆，随后再用洗面奶时，要用指尖轻轻地绕着圈搓揉。如条件允许，洗过脸后，可以将脸浸入加有几方冰块的冰水中，可以使毛孔立即收缩，增加皮肤弹性，并且还能清醒头脑，明澈双目。

滋润工作

为了表皮的滋润，洗脸后立刻搽上收敛型爽肤水或高保湿化妆水。

日间保养4步走

日间保养侧重于保湿的护理。

1. 敷保湿补水面膜

清早暗沉、疲惫的肌肤，让人倍显苍老，此时不妨尝试一下面膜护理。只需灵活利用泡咖啡或是做外出准备的数分钟，就能轻松完成。

洁面后，避开眼部和唇部，将面膜均匀地涂抹于整个面部，厚度以遮盖肤色为宜。待5分钟后，用温水洗去即可。你将切身体会到专业美容院式的护肤感受。护理后肌肤格外明亮水润，宛如新生。以每周使用1—2次为宜。

2. 控油

鼻翼周围、T型区的过剩皮肤油脂是油性肌肤重点控油区域，也是造成脱妆的重要原因，有效控制皮肤油脂分泌，能保持肌肤全天都清爽美丽。

在使用了日常化妆水后，在化妆棉上蘸取适量清新调理液轻拍于油腻部位，便可有效收敛毛孔，减少皮肤油脂分泌；在易脱妆的部位涂上一层薄薄的抑油保湿霜，即能调节油脂分泌，保留必要水分，令肌肤持久爽滑。

3. 乳液或保湿凝露

可以选用亲水性的乳液或啫喱质保湿凝露，它们都非常轻透，肌肤比较容易吸收，没有油腻感。

在选择保湿乳液和保湿凝露的时候，重点看产品是否含有高效的保湿成分，比如透明质酸、橄榄精华、矿物复合精华。

4. 防晒

选择温和且具有护肤功效的防晒品，最好是很清爽的乳液剂型，SPF15以上并有紫外线UVA保护功能。

夜间保养

可以选择较清爽的晚间护理品，如含有植物成分的亲水性产品。年龄30岁以上的女士，即使是油性皮肤，也要注意营养的补充，因为油性皮肤仅仅是油脂的分泌比较多，但并不表示就不需要除了油脂以外其他的营养成分。所以，要选用含有保湿补水成分的夜间营养护理产品。

含有高度营养但不含油脂的精华素，是油性皮肤晚间保养最好的选择，因为精华素内的营养成分可以在不增加皮肤油脂负担的情况下，给予皮肤良好的修复和滋养。

用精油护理油性肌肤，除了能让肌肤镇定放松之外，还能起到平衡油脂的作用。天竺葵的可以平衡油脂分泌，对护理T区油脂很有帮助。茶树、玫瑰草的可以调节油脂，保湿消炎，可用在经常长青春痘的油性肌肤上。使用有深层清洁及控制油脂分泌功效的乳霜状净肤控油面膜，一周1—2次，可以让你的肌肤洁净、清爽、润滑。

注意事项

肌肤容易出油，很多情况下是因为皮肤水分不足，人体皮肤油脂腺会分泌油脂来保护肌肤。所以重点是要为肌肤充分补水。

一定要避免使用碱性多泡沫的洁面膏。改用清洁力较强的洁面乳，但也要注意，不能清洁过度，水温最好在20℃左右，过热会令皮肤油脂水分流失，过冷又无法清洁。

选择乳液或凝露，放弃面霜。好多人以为油性皮肤的人就不需滋润了，但其实脸上如果不涂一层保护膜，毛孔粗的皮肤更易沾灰尘，冬天还会令皮肤容易缺水，所以油性皮肤应选择水乳状或啫喱状的润肤露。只补充水分已足够，霜状的护肤品多含油质，如果涂脸后觉得黏糊糊的，就不要再继续使用了。

深层洁肤面膜与水分面膜交替用。深层洁肤面膜，如手撕式或矿物泥面膜，都有去污及控油作用，但也不能只控油，所以最好隔天敷一敷纯水分面膜补充水分。

外出必备吸油面纸和保湿化妆水，但每次吸完油都要补充水分！

控油一定要适度。如果过多或过于频繁地控油，而使肌肤发红、脱皮，一定要停止这些动作并且就医，因为再下去皮肤只会越用越外油内干，得不偿失。

还有一点很重要，肌肤状况可不是一成不变的，春夏和秋冬就会有明显的差异。所以油性肌肤的MM要针对自己每个季节的肌肤状况，制定合适的护理方案。

除了日常脸部彻底清洁外，不要忘记做去角质工作，不仅可清除油脂，还可抑制油脂分泌。

03 精致女人"养"出来（中性肌肤）

典型特征

拥有这类皮肤的MM是最幸福的，皮肤油脂和水分分泌适宜，是最健康的一种皮肤，其pH值在5—5.6之间。这类皮肤结实柔滑，富有弹性，看起来毛孔细小，有通透感，很健康且肤色红润，有均衡的油分和水分，很少有黑头及痘痘，皮肤通常不油也不紧绷，且对外界刺激也不太敏感。

中性肌肤是最理想的肤质，通常青春期以前的儿童拥有这种理想肤质，青春期之后的成人，很少仍然能幸运保持中性肤质。如果想要长期拥有，那MM们一定要精心养护哦，精致是养出来的。

护肤要点

给予皮肤基础的日常保养，注重保湿，再加强预防日晒就足够了！

选择合适的洁面产品

中性皮肤选择洁面产品的范围比较大，水凝胶、固态或者液态的洁肤乳都可以。不过以对皮肤有滋润作用的高级美容皂或亲水性的洁肤乳为最好。

注意卸妆

很多中性肌肤的MM不用卸妆油或乳，而只用洗脸皂或洁面乳洗脸，其实这样不利于角质和死皮的及时清除，第二天化妆时也会感觉不易上妆。

基础护理

中性皮肤平时只需注意油分和水分的调理，使其达到平衡就可以了。

爽肤水、乳液、眼霜应选用含油分不多的产品。春天和夏天应进行毛孔护理，秋天和冬天应注意保湿和眼部护理。中性皮肤可以使用含有5%—10%酒精成分的润肤水。

日常保养

白天中性肌肤选择日霜的范围很大，不过还是选择有助于皮肤表面水脂质膜的添补及维护的产品为佳。早晨洗脸后，可用收敛性化妆水收紧皮肤，涂上营养霜，再涂粉底霜。

晚霜可以选择较为清爽的乳液状产品。晚上洗脸后，用乳液润泽皮肤，使之柔软有弹性，并且可以使用营养化妆水，以保持皮肤处于一种不松不紧的状态。另外，晚上一定要用眼霜或眼部凝胶。

夏季T区略为油腻，冬季略为干。完美的状态很容易受忽略，疏于保养，随着年龄的增长，很快转变为干性。

04 分区护理是要义（混合性肌肤）

典型特征

现在混合性皮肤的MM越来越多了。除了一些人是青春期后自然转变的混合性皮肤，还有一部分人以前是中性皮肤或油性皮肤，随着年龄、环境、压力、饮食习惯而变成混合性皮肤。

混合性肤质又有两类，通常会随着季节而转换。例如，在夏季会混合偏油，但在冬季又会混合偏干。混合性偏干是指中间T区较油，毛孔粗大，而两颊偏干，会有紧绷感，通常眼睛周围有干纹；混合性偏油是指中间T区较油，毛孔粗大，但两颊出油不多，也不紧绷，感觉比较舒适。

混合性肌肤T区和两颊的烦恼不一样，有时甚至是对立的两种需求，皮肤容易产生粉刺、暗疮问题。

护肤要点

混合性的皮肤，脸颊部位和嘴唇两边是干燥的，额头、鼻子是油油的，下颌处也会经常起小的粉刺，且毛孔粗大。

做清洁型保养时要顾及干燥的部分，做滋润型保养时则要顾及较油的部分。分区域做皮肤保养对皮肤更好，否则无法完全照顾到混合性皮肤的特点。

而且，混合性皮肤的状况并不是非常稳定的，有时很干燥，有时会油脂分泌旺盛，所以在每天例行保养中，最好是根据当天的皮肤状况去改变保养的方法。

分区护理小提示

一张脸两种肤质，出油部位和干燥两颊要给予不同保养。

1. 基本逻辑：平常照一般程序保养，但冬天注意防两颊干燥，夏天则注意控制局部出油。

2. 油性T区：油腻的T区可以使用果酸保养品、控油产品，保湿可以使用含油量低的产品或者保湿精华液。容易出油处还可用去角质产品、深层洁净面膜来做加强。每天清洁皮肤时，出油的部位可以多洗一次，三天进行一次深层清洁（去除角质）。

3. 油性部位可选择市面上较清爽的保湿凝胶或乳液。

4. 干性脸颊部位，因为皮肤本身没有分泌足够的油脂来避免皮肤表面水分的流失，所以应该使用含有适量油脂的乳液。

5. 兼顾防晒，如果预算有限，只能选一瓶，大部分医师都会告诉你：防晒乳液。很多混合性肌肤都会长痘，受到紫外线的刺激时痘痘会更严重，所以防晒是必须要有的！选择防晒产品时要更谨慎小心，药妆的防晒产品有很多是特别为痘痘肌肤设计的，也会特别标明不含致粉刺成分，或者不含油脂配方，可以大大降低引起痘痘的可能性。

6. 定期给肌肤来个大扫除——敷脸，在敷脸的时候一定要分区做面膜，T区用清爽的面膜，干燥部位用保湿、营养面膜。

注意事项

注意清洁毛孔，预防粉刺。春、夏容易油腻，须保持皮肤清爽及毛孔收敛；秋、冬季节则多加强滋润、保湿。

出油及粉刺部位要彻底地清洁和保湿。

05 内调外养，锻造“零”敏肌（敏感性肌肤）

典型特征

1. 皮肤表皮薄，油脂分泌少，较干燥，微细血管明显，角质层保持水分的能力低，肌肤表面的皮肤油脂膜形成不完全。

2. 接触化妆品或换季后易引起皮肤过敏，出现红、肿、痒。皮肤缺乏光泽，脸颊易充血红肿。

3. 季节变化易使皮肤呈现不稳定的状态。主要症状是瘙痒、烧灼感、刺痛、皮肤发痒和出小疹子。

4. 容易受冷风、食物、水质、紫外线、合成纤维、香味、色素等外在环境或物质的影响。

5. 通常有遗传因素，并可能伴有全身皮肤敏感。

皮肤为什么会出现过敏

1. 年龄增长，皮肤在岁月的消磨下，会变得较薄，它的保护层功能亦随之减弱。

2. 长期暴露在阳光或空气污染的环境中，烟雾、灰屑、紫外光UVA和UVB以及红外线，均会损害皮肤，因为它们产生的游离子能破坏皮肤的脂质保护层。

3. 使用劣质化妆品或不当药物受到损害。

4. 生理因素、压力、精神紧张和情绪低落，减弱皮肤的天然抵抗力，导致它的自我修护机能随之减弱，如内分泌紊乱。

5. 面对天气的转变，肌肤需要额外的适应，例如在寒冷天气中，如果皮肤没有充分滋润的话，便很容易受到伤害。

6. 一些护肤品中的成分添加剂如防腐、染料、乳化剂和香料，都有可能使皮肤变得敏感。

7. 因为是特异体质。

重点是要注重保湿等基本保养，增加皮肤含水量，加强皮肤的屏障功能，这样可以大大增强皮肤的抵抗力，减少外界物质对皮肤的刺激。

莫去角质

角质薄和角质损伤是造成敏感的主要原因，因而保养的首要原则就是维护角质不受伤害。清洁时注意不可过度，不要选用皂型洗剂，因为所含的界面活性剂是分解角质的高手，最好使用乳剂或非皂性的肥皂，可以调节酸碱度以适合我们的肌肤。至于磨砂膏、去死皮膏等产品更应该敬而远之。

加强防护

敏感性肌肤的表皮层较薄，缺乏对紫外线的防御能力，容易老化，因此，应该注意防晒品的使用，防晒品的成分也是造成皮肤刺激敏感的因素之一。

充分保湿

敏感性肌肤浅薄的角质层常常不能够保持住足够的水分，无论是在夏天的冷气房中还是在冬天干燥的气候中，具有这种肤质的人，会比一般人更敏锐地感觉到皮肤缺水、干燥，因而加强保湿非常重要。除使用含保湿成分的化妆水、护肤品外，还应定期做保湿面膜。季节更替时，也需要留心更换不适用的保养品。

滋养减半

现代的化妆保养品，强调的是高效性，要求活性成分必须能够透过皮肤作用到皮肤深层。但对于敏感性肌肤而言，高浓度、高效果就是高风险、高敏感。因此这类皮肤的人在使用保养品（尤其是精华液之类高浓度的化妆品）时，应先将其稀释一半后再使用才较为妥当。另外，敏感性肌肤不适合疗效性太强的产品，使用不给皮肤增加负担的非疗效型产品，才是使皮肤恢复健康的良方。

减少刺激

皮肤一旦出现干燥、脱屑或发红状况，说明皮肤健康已亮起红灯。要让皮肤尽快复原，最好的方法就是减少刺激，不过度受风吹、日晒，不吃刺激性食物，停止当前一切保养品、清洁品的使用，让肌肤只接触清水等。每天只用温水清洁皮肤，持续1周时间，然后再使用低敏系列的产品，在降低伤害后，皮肤运用本来的自愈能力，说不定会自行恢复健康。

注意事项

如果是初次或偶尔发生敏感现象，而平日又不使用低敏感性保养品，就要选择具有消炎、镇静作用的皮肤专用保养品。如果有持续发红的现象，要去医院进行脱敏治疗，也可将棉花或纱布充分蘸湿注射用的生理盐水后，敷在脸上的敏感部位。这种注射用的生理盐水，安全性高、渗透力好，具有消肿、退红、稳定皮肤的功用。

敏感性皮肤的人，平时应多用温水清洗皮肤，在春季花粉飞扬的地区，要尽量减少外出，避免引起花粉皮炎，可于早晚使用润肤霜以保持皮肤的滋润，防止皮肤干燥、脱屑。

在饮食上，要多食含丰富维生素C的水果蔬菜，以及任何含维生素B的食物。大量饮水，除了对身体有各种好处外，更能在体内滋润皮肤。

强化肌肤的抵抗力也是有效的基本对策。睡眠有美容功效，每天8小时的充足睡眠，具有任何护肤品都不能代替的功效。运动能增进血液循环，增强皮肤抵抗力，使皮肤处于最佳状态。

06 赶走疲劳肌，重拾好气色（暗黄性肌肤）

典型特征

肌肤暗沉的原因之一，就是角质层的透明度降低。角质层储水充分的肌肤能够反射光线，给人清透明亮的感觉。反之，一旦角质层变得干燥，反射光线的能力就会减弱，明亮度也随之下降，肌肤自然显得暗淡无光。

千万别以为自己的皮肤就是暗一点、黑一点，无关紧要，要知道，皮肤暗沉就是给你敲响的警钟，因为暗沉是你皮肤将要变差的初期征兆。

皮肤科医生将皮肤暗沉的种类，依照不同的成因区分为五大类。

a. 阳光暴晒型

经常逛街、户外活动，没做好防晒措施，肌肤因避免受紫外线的伤害而自行产生黑色素，导致此种暗沉的出现。

b. 角质肥厚型

这类问题主要出现在偏油性肤质的人群中，因为肌肤的新陈代谢不畅通，堆积了过多老废角质无法更新，使得角质层排列不平整、粗糙，让肌肤产生暗沉问题。而且角质过厚的肌肤一旦出现老化，就是不易去除的深层皱纹，若再加上难看的肤色会让你看起来老十岁。

c. 肌肤缺水型

肌肤干燥，容易有脱屑、脱皮问题。肌肤缺水，含水量长期不足的话，也会让皮肤看起来暗沉没有光泽，而长期缺水也会导致细纹和干纹产生。

d. 肌肤缺氧型

肤色并不是真的黝黑，而是因为血液中含氧量不足或是贫血，造成肤色看起来偏黄、偏暗或是没有血色。这种肤色不佳的成因可能来自营养不良、偏食，使得人体缺乏造血所需的营养素如铁质、维生素A、维生素C等；或是血液中带氧量不足，让血液颜色偏暗，影响肤色的呈现。

e. 肌肤多油型

肌肤过于油腻，虽然比较不轻易长皱纹，但是过多的油脂会使角质层的透明度降低。肌肤油脂分泌旺盛，额头、脸颊、鼻翼、T区油腻光亮，容易黏附灰尘和污物，因空气氧化而导致肌肤暗沉的出现。

造成肤色暗沉的原因

a. 睡眠不足

晚上睡眠时是皮肤细胞更新最活跃的时刻，新的细胞会生长，老化的角质细胞会被排走。太晚睡或睡眠不足，新陈代谢功能不再畅顺，造成老化角质层增厚，肌肤失去透明感，呈现泛灰晦暗的颜色。

b. 压力

我们受压的时候，身体会处于紧张状态，造成血管收缩，血液循环不良，脸色也暗沉下来。而当你过度疲累时，肌肤新陈代谢缓慢，脸色因角质积聚而变得更加暗沉。

c. 吸烟

吸烟会使微血管收缩，使血液循环恶化，肌肤因而处于缺氧状态，脸色自然暗淡。香烟还会破坏维生素C，抽一根烟会令你流失25—100mg的维生素C，而维生素C具有抑制黑色素及帮助皮肤更新的作用，对皮肤健康十分重要。另外，吸烟的烟雾也会弄脏毛孔，令肤色更暗沉。

d. 洁面不彻底

粉底在肌肤上一段时间后，会与皮肤油脂及灰尘等混杂在一起形成污垢，然后氧化变质。如果洁面不彻底，污垢残留在脸上，肤色就会暗哑无光。皮质分泌最多的鼻翼位置是最要注意的地方，如果鼻子上的毛孔附着污垢，问题就更加严重。另一方面，当氧化了的粉底再继续接触紫外线，会形成过氧化脂质，打乱肌肤新陈代谢的节奏，也要特别注意。

e. 紫外线

UVA会深入及破坏真皮层，侵害胶原纤维及弹力纤维，使其变质，在真皮层中残留成块，令肌肤失去剔透感而泛黄、暗沉。

护肤要点

洁面很重要

洁面是提升肌肤透明感的第一步，一定要先将每天贴附在脸上的灰尘彻底洗去，还肌肤最自然、最透明的清洁感。

巧用爽肤水

含有植物美白成分的爽肤水不仅可以起到二次清洁的作用，同时也可以软化角质层，使水分迅速渗透肌肤而达到收敛和美白的作用。暗沉的肌肤需要更好地补水保湿才能将透明感提升回来。

妙用面霜

彻底清洁肌肤后，让肌肤吸收营养，恢复透明红润。当然，切忌不要使肌肤“富营养化”，不然会出现脂肪粒。

重视面膜的功效

定期使用面膜能很好地起到保湿作用，提升肌肤透明感。而且同时选对了面膜还可以起到修复作用，去黄消暗沉，恢复红润透明肌肤。

巩固0.02mm 超薄角质层

比一张纸还要再薄上10 倍的角质层是肌肤老化表征最显而易见的一层。做好皮肤基底层的养护，新生细胞才会一层层地上推到肌肤表层。

如果细胞代谢缓慢，无论怎样去除角质都是在做无用功。目前很多熟龄保养品中都添加了酵素成分，这是最新也是最安全的去角质成分之一，它可以溶解死皮和污垢成分，去除角质、清理肌肤的同时，让后续的精华素和面霜中的有效营养成分更好地渗透，从而改善肌肤粗糙、暗沉的现象。

深度保湿是关键

想让肌肤清透明亮，根本之道应从正确补充水分开始。补水只是第一步，还要想办法留住这些水分，不让它们流失掉。肌肤的保湿状态是否OK，主要是由位于表皮角质层的细胞间脂质、皮肤油脂膜等成分结构的平衡状态来决定。一般肌肤细胞的含水量，在基底层高达70%，最外层的角质层也只有15%，所以，让水分渗透到肌肤深层才是补水保湿的最终目的。

简单地从产品的质感来说，补水要选择液状稀薄的产品才好吸收，而保湿，则是相对浓稠、润泽的产品才行。

强化肌肤防御机能

肌肤本身具有一些非常有效的方式来保护自己，然而受到过多压力，或是皮肤本身因为干燥、老化、紫外线伤害等原因，会失去应有的防御能力，变成“不设防”的脆弱肌肤，而秋季是承前启后，对肌肤进行深层修复的最佳时段。

密集保养重点：善用抗氧化精华

从防御侵害、活化肌肤着手，是面对老化的正确策略。除了抵挡紫外线伤害外，抗氧化也是重点之一，许多提取自植物的抗氧化成分，如红石榴、白茶、葡萄、绿茶里的多酚成分，对于肌肤的暗黄粗糙都有不错的效果。同时，维生素C可以大大加强胶原的合成，不仅能抵抗衰老，还能增强肌肤的免疫力。

注意事项

1. 引发暗沉最直接的原因是老废角质和脸上油脂污垢没有及时清洁干净，根据皮肤状况针对性使用去角质凝胶、去油洁面膏，才能从根本上清洁皮肤，预防暗沉肌肤形成。

2. 不分阴晴，天天做好防晒工作，使用适当的美白保养品。

3. 做好控油护理，调理肌肤的水油平衡。同时为了避免毛孔粗大，使用适当的酸性成分保养品、植物颗粒、酵素等成分去角质及毛孔紧致保养品。

4. 加强保湿保养，使用较为滋润的保养品，彻底摆脱干燥。

5. 均衡的营养摄取（补充营养素）、适当的有氧运动，同时配合使用可以促进细胞循环的活性和美白护肤品，改变肤色暗沉情形。

6. 如果长期缺乏充足的睡眠，谁也没办法让你的气色好起来，所以，尽量让自己在晚上12 点到凌晨2 点间进入深度睡眠状态，使肌肤细胞得到足够的修复。

07 揪出斑点元凶，还原净白肌（有斑性肌肤）

典型特征

皮肤黑色素颗粒分布不均匀，导致局部出现比正常肤色深的斑点、斑片。日晒过度、内分泌失调、慢性肝肠胃疾病、化妆品使用不当等，都可能是引起色素斑的诱因。色斑包括雀斑、黑斑、黄褐斑和老年斑等，属色素障碍性皮肤病。

护肤要点

因为斑点的种类、成因非常多且复杂，一定要对症下药才可以。另外，护理时会经常使用含有美白成分的化妆品，或是直接选用美白化妆品。

好的美白护肤品能够在黑色素生成的不同阶段对其进行抑制。但是，使用美白产品需要加强保湿，美白本身是一个净化的过程，黑色素从表皮细胞脱落、皮肤表层变干净的同时，自然也需要添加水分及其他营养来保护。所以在使用美白去斑产品的同时最好使用补充水分的乳液。

果酸换肤去斑的产品也较多，所选用的果酸是从水果中提取的自然酸。一般低于10%的低浓度果酸配方有滋润的作用，可使皮肤细致富弹性；高于20%的果酸则容易使肌肤外层老化细胞脱落，同时促进真皮层内胶原纤维、黏多蛋白的增生，达到美白去斑的效果。

快速去斑是不可取的，虽然起效快，但是表皮细胞层大面积受损，其自身修复和防紫外线的功能受到影响，因此会加重黑色素的沉积，也极易造成皮肤干燥、干裂、变薄而出现红血丝、变得敏感。所以在保养肌肤的心态上也要尽量放平和。

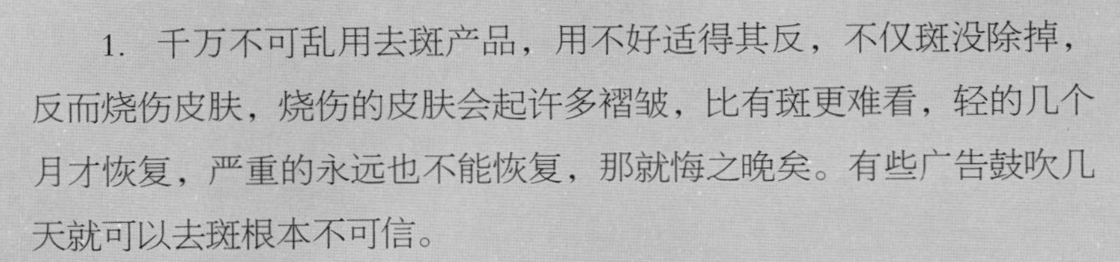

注意事项

1. 千万不可乱用去斑产品，用不好适得其反，不仅斑没除掉，反而烧伤皮肤，烧伤的皮肤会起许多褶皱，比有斑更难看，轻的几个月才恢复，严重的永远也不能恢复，那就悔之晚矣。有些广告鼓吹几天就可以去斑根本不可信。

2. 平时最好是少化浓妆。出门时，注意防晒，防晒品最好是天然的，不含铅的。

3. 挑选去斑霜或是去斑精华时要特别注意，因为色斑属于皮肤疾病，所以去斑产品属于药用化妆品，生产批号不仅要有卫妆准字，还要有特殊用途化妆品批准文号，也就是卫妆特字。没有这个特字批号的，请谨慎选择，否则可能会铅汞超标。

4. 做好基础护理工作，每天把脸清洁干净，用基础美白护理产品，慢慢就会有收获。

5. 去斑不能只重外不重内，选择正确的美白食品，能够让你的美白工作事半功倍，而且让肌肤看起来更有元气，更有光泽。另外还要保证充足的睡眠，这样才能让营养不断地被吸收消化，让肌肤更有神采！

08 轻松“战痘”，恢复光洁美肌（痘痘肌肤）

典型特征

长痘痘的肌肤通常因皮肤油脂堆积、氧化产生粉刺、痘痘。皮肤油脂腺过于发达，皮肤油脂分泌过旺，毛孔很容易被阻塞，或者是因为其他原因导致排油不畅，皮肤油脂在毛孔中累积起来，突起而成为痘痘。有些人甚至到了三四十岁还在长痘，有些人在长痘阶段不加以重视，结果痘痘年复一年，愈演愈烈，而且留下了密密麻麻的疤印，成了终身的印记。

痘痘分为三类：白头粉刺、黑头粉刺和红头粉刺。

而症状有五种：

a. 白头粉刺型，看起来是一颗小白粒，有一些微微凸起，没有开口，通常是单一或是分散的痘痘。

b. 黑头粉刺型，多发于T区，堵在毛孔里面的油脂栓。

c. 结节型粉刺，红肿发炎，突出于皮肤表面。

d. 囊肿型粉刺，中心有脓包，红肿，有时会流出脓汁。

e. 群聚型粉刺，好几颗痘痘挤在一堆，一大片红红的。

护肤要点

使用水杨酸/杏仁酸保养品帮助角质代谢

白头粉刺一般都是毛孔被阻塞，呈现闭锁的状态，要做好疏通，使用泡沫细腻丰富的洁面乳配合温水帮助排出油脂，也有必要做好去角质的工作。产品推荐温和渗透型，温和的物理型磨砂、水杨酸类的产品以及大热的洁面仪都是帮助缓解白头粉刺的好帮手。对于没有炎症的白头粉刺，吸附型的面膜也是很有效果的。后续的保湿产品一定不能刺激皮肤导致角质继续增生，也不能油脂过重加重负担。最好是使用具备还原抗氧化成分的产品，帮助对抗氧化油脂。

过度拔除会造成毛孔粗大

有黑头粉刺的朋友，不建议使用粉刺贴布处理，因为如果使用过度或是方法错误，可能造成毛孔更加粗大，还会让肌肤受伤。

黑头粉刺型的肌肤已经是存在重度的阻塞了，离痘痘爆发只有一步之遥。清洁要有效，温和的氨基酸型洁面乳、适度的弹性颗粒洁面去角质产品都是很不错的选择。不要选择脱脂力度过强的洁面产品，否则会去不成黑头反而带来刺激。黑头型皮肤推荐用温和的含有抗氧化成分的按摩膏或者洁面膏，帮助溶解还原黑头。去黑头的鼻贴、撕扯型的面膜尽量少用，因为一时去除之后可能会造成皮肤深层受伤，应以缓慢去除为主。保湿产品一定不能过油，要适合自己的皮肤状态。用保湿柔肤水纸膜敷局部也是很不错的方法，而后再次洁面，隔天一次直至缓解。

可以使用含有水杨酸的保养品，或是使用A酸（孕妇不可使用）、杜鹃花酸治疗，来改善粉刺的状况，不过因为A酸刺激性较强，所以使用时需要多注意使用方式，而且要做好保湿的工作，以免有严重的脱皮现象产生。但因为A酸及杜鹃花酸皆是药物，建议还是让皮肤科医生评估过再使用。

切忌乱挤，以免造成更严重的发炎

结节型青春痘洁面要求温和不刺激，水温温热。不建议用物理磨砂，可以考虑水杨酸产品帮助去角质。产品选择低敏或者痘痘皮肤专用的型号。如果有炎症可以结合具有一定抗菌、抗氧化的产品。已经出现炎症的肌肤尽量不要做面膜，特别是膏泥状面膜。布类的面膜，如果以透明质酸、绿茶、维生素等为主，不含刺激成分，可以适度使用。去痘精华要选择含有抑菌成分、调理成分、抗氧化成分复合的。

减少化妆，停止去角质敷脸，可使用含果酸或水杨酸的保养品

如果有囊肿型的痘痘问题，有脓头和鼓起的话，不推荐用去角质产品、面膜，最好也不要化妆。洁面产品要求温和，无泡型是不错的选择。急救产品可以用在痘痘上，但是如果已经开口破损请不要用任何产品。茶树精油、各种植物萃取物都有一定抗炎抑菌的作用，但是不要盲目使用，谨遵医嘱。温和不刺激的化妆水，清爽的啫喱状产品是优先选择的产品。

护理时可选用含有浓度约10%—20%的果酸保养品或是含有水杨酸、杏仁酸的保养品，局部或整脸擦拭，不过如果有异位性皮肤炎或是酒糟性、敏感性肤质，需要避免使用。于患部擦拭含有过氧化苯或外用抗生素的药膏也是不错的方式，但需要经皮肤科医生判断使用，也要注意药膏不可与含有酸类成分的保养品一起使用，以免造成过度刺激。患部如果是在脸部，也建议去找皮肤科医生评估是否需要局部注射药物，以免发炎过久伤害到真皮层，容易产生凹洞及疤痕。

清洁产品切忌太刺激，选用成分单纯温和的保湿产品

如果有群聚型的青春痘问题，建议请皮肤科医生看诊，因为较严重的青春痘问题很有可能是内分泌问题所致。皮肤科医生也会依照状况，开口服药物或是建议果酸换肤、光照疗法来加强治疗。

在平时保养时，需要做好清洁。但这种类型的痘痘已经伤害很深了，皮肤深层受损，洁面产品要求绝对温和无刺激，最好选择温水清洗。

保养可使用含有果酸、水杨酸、杏仁酸成分的产品擦拭，但如果正在使用治疗青春痘的药物，建议选用成分单纯、温和的保湿产品来做搭配，不要与药物及含有酸类成分的产品一起使用。一些不含过多成分的纯露、花水可以考虑使用，后续的保湿要求尽量简单，日常护理只做好清洁和保湿就好。其他要根据医生的建议来选择。

平时尽量少食用刺激性食物，养成良好的睡眠习惯，并适当疏解压力，这也会对治疗痘痘有所帮助。

日常饮食作息要规律，严重者要去请皮肤科医生看诊

面疱问题的种类其实很多，不过在保养方式上要注意：

❶ 记得一定要使用温和的清洁产品，而不要选择清洁力强的洁颜产品。

❷ 也不要进行物理性去角质及敷脸的动作，以免刺激到患部，让面疱问题更加严重。

❸ 如果面疱问题不太严重，可自行购买含有果酸、水杨酸、杏仁酸成分的产品来擦拭；如果面疱问题严重，一定要去请皮肤科医生看诊，不能只依靠保养品来改善。

❹ 面疱是种皮肤的疾病，万一处理不好，可能会留下凹洞及疤痕。日常饮食也尽量减少刺激性食物的摄取，均衡饮食，尽量不要熬夜，让作息时间正常，并适当地疏解压力。

❺ 注意个人卫生，常换洗枕头套，少用造型液，这些对面疱问题都会有所改善。

Tip：淡化痘印

痘痘肌的MM们，还有一大烦恼，就是痘痘下去了，印还在。痘痕淡化要加强保湿，也可以利用保湿面膜隔天加强护理，局部运用美白淡斑的产品于晚间按摩；多摄取含维生素B族高的食物，痘痕处绝对不能接触到紫外线，否则颜色会加深！

需要选择清爽、无致痘性、无刺激的防晒产品，使用遮瑕膏时应以笔刷蘸取，从痘痘外缘向内轻刷涂抹。笔刷要定期清洁，避免细菌滋生。

注意事项

不要一天洗好多次脸，或者使用去脂力较强的青春期专用去痘化妆品，这样做往往容易造成皮肤干燥，反而会导致粉刺滋生，所以一定要当心。因为如果皮肤变得非常干燥，为了尽早修复表皮，表皮深处的许多尚未成熟的皮肤细胞就会被迅速推上来，作为角质层厚厚地堆积起来。但是，这些新形成的角质也是不成熟的，所以稍受刺激就容易剥落，剥落后的角质阻塞在毛孔中使得皮肤油脂大量堆积，就会形成粉刺，这样就成了恶性循环。成人粉刺护理要把保湿放在首要位置。

保养要适度，否则化妆品中的营养有时会令粉刺滋生，所以油性肌肤的人最好用清爽的乳液、凝胶类化妆品，至于乳霜含油分太多，还是不搽为好。能够消除活性氧的抗氧化成分浓缩而成的化妆品也不易导致粉刺。

另外，容易长粉刺的人脸上常常菌平衡失调，如果使用标明不含防腐剂的化妆品，可能会使面部细菌滋生，所以要尽量避免使用不含任何防腐剂的化妆品。

09 细瓷美肌不是梦（毛孔粗大）

典型特征

角质粗厚，皮肤看起来有些粗糙，油脂分泌旺盛，同时毛孔也容易被阻塞，导致形成黑头、白头粉刺，并且逐渐撑大毛孔内部，这种现象最容易出现在额头、鼻翼以及两侧的脸颊部位。这一类大多属于油性肌肤。

干性肌肤也很容易发生毛孔粗大现象，肌肤表面缺水，角质层就会出现干燥、粗糙的外观，毛孔会变得更加明显。

还有一种造成毛孔粗大的原因是毛孔松弛、老化。通常超过25岁以后，毛孔就会逐渐出现松弛性的粗大问题；加上外在环境的侵蚀，真皮层内的弹力纤维、胶原蛋白开始松垮断裂，造成肌肤张力与弹性不佳，失去周围支撑力的毛孔会出现椭圆形的毛孔粗大形态。

护肤要点

收缩毛孔、紧致肌肤的第一步就是补水，做好保湿补水工作可以恢复肌肤的水油比例和肌肤的纹理，使肌肤更水润并缩小毛孔、紧致肌肤。

在洗脸的时候不妨试试化妆水，在用化妆水洗脸后再将一条冰冻过的毛巾敷在脸上，等到脸上的热气散掉后就可以了。这样做不仅可以减少油脂的分泌，还可以收缩毛孔，紧致、提拉肌肤。

平时可以用一些具有紧致肌肤作用的护肤品，在选择这些护肤品时一定要看清楚，一般都要选择含植物成分的，如芦荟、金盏花、燕麦等。

收缩毛孔的日常护理，应根据皮肤油脂腺的特点，夜晚使用减少油脂分泌的护肤品，白天则应该使用控制皮肤表面油光，让肌肤保持清爽的护肤品。

注意事项

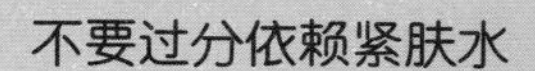

不要过分依赖紧肤水

很多MM十分依赖紧肤水，紧肤水确实可以起到改善毛孔的目的，但是无法根治。彻底解决毛孔粗大问题，不是一朝一夕就能完成的，还得抑制皮肤的油脂分泌，疏通毛囊通道，这样才能有效收缩毛孔。

不能只在白天做控油工作

收缩毛孔的方法之一是要对肌肤进行有效控油，这在一定程度上可以改善毛孔粗大的现象。中医认为人们白天皮肤表面的油光，都是皮肤油脂腺在夜晚分泌的。因此，只有在夜晚进行针对性护理，才能更有效地控制白天皮肤表面的油光。所以油性皮肤、毛孔粗大的MM更需要夜晚专用护肤品。

10 抹平岁月痕迹（皱纹和松弛）

典型特征

眼部、嘴角周围产生的又细又短的皱纹，主要是因为光老化、习惯性表情、肌肤缺水、工作压力、不规律的生活、睡眠不足，甚至是减肥导致皮下脂肪减少而引起的。紫外线使皮肤缺水，形成小断裂，反映在脸上就是一条一条细小的皱纹，这种因为干燥形成的皱纹，也被称为“干纹”，是近年来20岁左右的年轻人首要的肌肤问题。虽然被称为假皱纹，但如果不好好保养，假亦能成真啊！

另一种就是真皱纹了，主要是额头纹、法令纹、鱼尾纹，随着肌肤变松弛，皱纹逐渐加深。

护肤要点

轻柔卸妆，温和洁面。对细纹肌肤的护理而言，卸妆的方法和步骤非常关键。必须选用柔和无刺激性的卸妆水，才能避免伤害细腻的皮肤。在卸妆时，手势一定要细致轻柔。选用温和不刺激的洁面产品也是非常有必要的。另外，清洁动作也要轻柔，避免过度拉扯肌肤，建议做清洁动作时用中指及无名指的指腹。

早晚区别对待。针对肌肤早晚新陈代谢的节奏和吸收能力的不同，早晚应分别选用具有不同功效的去皱护肤品。早晨可选用柔和的凝露，以活化肌肤；晚上则使用含有滋养成分的精华液、原液或营养霜，可使肌肤得到充分的休息与保养。

选用合适的眼霜。一般应选用不含油脂、含维生素E颗粒、由天然植物精华萃取而成的眼部修护品。这样才能避免刺激眼部皮肤，防止水分流失，让肌肤在细心的呵护下，变得紧实而有弹性。

随时注意保湿。每天摄取2000ml的水，并且随时携带保湿产品，适时补充，避免肌肤出现干燥细纹。可用纸膜泡化妆水，做一个5分钟的保湿小面膜。

适度去除角质。视自己的肌肤状况适度去角质，去角质时不一定要全脸进行，针对局部即可。判断肌肤何时、何处该去角质很简单：脸部肌肤变得粗糙、毛孔变得明显、有粉刺出现，都是该去角质的征兆。

做好肌肤防晒。在户外时尽量避免肌肤暴晒在阳光下，宁可多走两步到有阴影的地方，无法用衣物遮蔽的时候就要涂抹防晒产品。

注意饮食。多摄取具抗氧化功效的食物，如含维生素C、维生素E、绿茶多酚、葡萄多酚的食物。由于葡萄多酚存在于葡萄籽内，建议吃葡萄时，改成喝葡萄汁，连葡萄籽一起打汁，才能有效摄取葡萄多酚。

减少过氧化物形成。过氧化物是造成自由基的主因，如果可以尽量避免，就可以有效预防细胞氧化，如少抽烟、少吃油炸食物等，都可以有效避免体内过氧化物的形成。

睡眠要充足。睡眠期间是肌肤每天自我修护的关键时期，睡眠也可以有效帮助肌肉放松。

适度的按摩。对表情纹易出的地方适度按摩，如眉头、眼尾、嘴角等处。手部轻抚肌肤的动作，可以有效分散神经传导的注意力，进而放松肌肉，避免表情纹的产生。

真皱纹的产生是一个漫长的过程，一旦开始，肌肤老化便不可逆转，除非利用医学美容，所以日常养护要特别精心。

CHAPTER 4

正确使用护肤品，效果翻倍

很多MM以为只要买对了适合自己的化妆品就可以了，其实这才完成了一半。试想想，当美白、抗皱、滋润这些使人更美、改善肤质的护肤品都入手了，如果不会正确使用，就等于没有将产品的功效发挥出来，那就是暴殄天物。所以，必须学会正确使用这些化妆品，才可以让皮肤吸收得更好，效果翻倍。

01 用温水洗脸，使皮肤更细嫩不易敏感

虽然这一章节说的是化妆品的正确使用，但你的脸洗对了吗？要知道清洁可是护肤的首要任务。

很多MM一直在用温水或是热水洗脸，但你知道这种看似理所当然的行为，其实是造成肌肤干燥的一大元凶吗？用热水洗脸即使不用洁面品，也能溶解皮肤油脂，所以很多油性皮肤的MM用热水洗脸后会觉得非常干净。然而，皮肤油脂是保护肌肤的第一道防线，如果没有了皮肤油脂，那么具有天然屏障作用的细胞间类脂体就容易流失。而且，皮肤为了自护，会分泌出更多的油脂来。

因此，不管是洁面还是洗脸都需要用凉水，水温基本上是20—25℃即可。凉水洗脸不仅可以保护皮肤油脂，还可以使肌肤镇定，尤其是在卸妆后，按摩或用棉片涂抹卸妆油会使皮肤泛红，用比肌肤温度稍低一点的清水清洗，会使皮肤镇静，起到收缩毛孔的作用。

如果冬天的水冷得让人受不了，可以将水温调高一点儿，但也不要超过30度。

还有一点，就是最好在沐浴后再洗脸，可以防止时间久了皮肤变得干燥。

当然，假如你是油性肌肤，用温水洗脸也没关系，但水温最好控制在35℃左右，和皮肤温度相当就可以。

02 解决出油问题，从 T 区开始洗脸

任何肤质的MM，如果脸上泛起油光，基本上都是T区域，所以人们常常会说T区黏糊糊的，还容易长痘痘和粉刺，其实除了肤质的原因，我们错误的洗脸方式也会造成T区爱出油的现象。

而这种错误的洗脸方式其实是我们的习惯造成的，MM们可以回忆一下自己的洗脸动作，绝大多数的MM都是将洁面产品涂抹在手掌后，覆盖在眼部到双颊的U区，从这里开始洗脸，因为顺手。但这样一来，在你清洁过U区后，再清洁T区，然后你一定会不自觉地再清洁一遍最初洗过的部位，这样就使U区二度清洁，渐渐地混合性皮肤的MM越来越多。

那么，在洗脸的时候，我们应该有意识地先从T区开始洗，这样的话T区的出油问题也就可以慢慢解决了。

03 给护肤品排个序，才能达到“有效护肤”

护肤讲究顺序，步骤错误可能会导致肌肤吸收不了营养，抹再多的保养品可能也吸收不了。因此了解化妆品的使用顺序十分重要。

早上使用化妆品的顺序

❶ 洗脸。如果前一天晚上使用了营养丰富的晚霜，早上就可以不用洗面奶，只用温水洗脸即可。

❷ 化妆水。早上，要好好用化妆水“开路”，这可是一天化妆的基础。

❸ 精华液。要补水就用保湿系列，要美白就用美白系列，怎样选择，根据当天的肌肤状况决定。

❹ 乳液或者乳霜。为防止营养从皮肤流失掉，一定不要落下这道程序，我建议30岁以后的女性使用乳霜。

❺ 隔离霜。使用隔离霜是基础护理的步骤之一，主要是起到抵御紫外线和美白皮肤的功效。

❻ 粉底。先使用粉底液，最后扑上蜜粉定妆。

晚上使用化妆品的顺序

❶ 卸妆。整套护理程序中最重要的一环，眼部要使用专门的眼部卸妆液。

❷ 洗脸。用温润的化妆棉蘸取适量的卸妆液卸去面部妆容，无须洗面奶，最后用清水洗净。

❸ 去角质。每1—2周去一次角质，去死皮，令肌肤更好吸取化妆品中的营养。

❹ 化妆水。补水面膜可以充分补给皮肤所需的水分，也为美容液渗透进真皮层打下重要的基础。

❺ 精华液。能够将营养成分输送到真皮层，因此要关注肌肤的需求，选择适合的美容液。

❻ 乳液或者乳霜。给皮肤“盖上盖子”，保证营养不流失，在干燥的天气里，乳霜比较好。

眼部护肤注意事项

眼部区域是一个十分特殊的部分，这里的肌肤很薄很脆弱，护理不当会造成不可逆转的后果。

除了眼霜、眼部精华等专用于眼部的产品，其他的面部化妆水、精华素、面霜，都不能用于眼部，无论它的质地多么清爽滋润。

当同时使用两种以上眼部产品时，顺序是先眼部精华后眼霜；用两种以上眼霜时可以根据质地和功效来判断，比较两种眼霜的质地，越水润的越先用。

从功效上分，保湿眼霜先用，其次是美白眼霜，最后为抗皱眼霜。因为抗皱眼霜的分子较大，质地通常较油，而保湿眼霜分子较小，先使用抗皱眼霜，大分子的油质抗皱眼霜容易阻碍小分子的保湿眼霜进入眼部娇嫩肌肤，从而影响保湿效果。

04 给肌肤加点温，让护肤品更好地吸收

据说，一般护肤品只被肌肤吸收了7%左右，而其余93%的养分不是停留在肌肤表面，就是在空气中蒸发了，还有就是被你的手或其他工具吸收了。我们该怎样让肌肤尽可能多地吸收营养，让它们更好地发挥作用而不至于浪费呢？其实，很简单，给你的肌肤加点温，就可以让护肤品更好地被吸收。

护肤品的吸收之道

护肤品搽于皮肤表面后，被吸收的速度和程度主要取决于护肤产品剂型的种类。一般来说，同类物质相互融合的速度较快，而异类物质则融合速度较慢。皮肤中本身就含有油脂，所以相比较而言，偏油性剂型的护肤品被皮肤吸收的速度明显快于单纯水制类产品，也更容易到达皮肤深层。在各类油脂中，通常羊毛脂的吸收速度高于凡士林，凡士林快于植物油，而液体石蜡的吸收速度最慢。

不过，护肤品并不是越油越好。皮肤吸收外界营养物质，主要有角质层、毛囊皮肤油脂腺及汗毛孔等途径。不同剂型的护肤品其吸收途径也是不同的：水制类护肤品通过角质层被吸收进皮肤，油脂类护肤品通过毛囊、皮肤油脂腺及汗毛孔渗入皮肤，而霜膏类护肤品因为既含水又含油，所以要通过上述两种途径被肌肤吸收。

带着温度的按摩手法

最简单和自然的涂抹方法，就是用手指的温度来增加吸收，将保养品涂在

手中，用掌心温度为它们增热，再涂抹在肌肤上，并用适当的按摩手法来促其吸收。注意，在涂完乳液后，不要立即涂其他面霜，可以稍待几分钟，让皮肤吸收好后再继续涂其他产品。

日常简易加温导入方法

微血管好像肌肤的中转站，负责送入养分、排出废物。肌肤温度就像是微血管的“电能”，温度升高，它才能够运转得更好。利用蒸汽的力量来提升肤温是不错的方法。将保鲜膜剪出大概的形状敷在脸上几分钟，也能够帮助肌肤吸收。如果你觉得面膜吸收不到位，可以将一层热毛巾敷在面膜上，然后再覆盖一层干毛巾。虽然难受一点，但是能够防止温度散去，加强吸收。

05 正确的化妆品使用量

有人在用护肤品时很“小气”，小心翼翼地倒出一点点；而有的人则很“挥霍”，一瓶护肤品用半个月就见底，但美肤效果却没有达到。花了钱费了事还不能拥有好皮肤，这样的结果你当然不想看到。不要埋怨产品多么没有功效，而要知道各种护肤品的正确使用量，才能省钱又有效。

洁面摩丝：按压喷嘴两次的用量，泡沫体积大概为直径5cm的圆。

化妆水：需要把化妆棉完全浸透，但不能有滴落。棉片的选择建议是3×4cm，厚度最好是2mm。如果倒在手心，大概一元硬币的大小。

卸妆油：淡妆用量是一个樱桃的大小，大概直径2cm的圆，如果是浓妆可增加一倍的用量。

洗面奶：平铺在手掌心大约为直径2cm的圆。

精华素：乳液质地一般直径1cm的圆是正常的用量；啫喱质地比乳液质地略多，约直径1.5cm的圆；如果是纯液体的，2—3滴适合。

眼霜：每只眼睛约二分之一黄豆大小，相当于直径5mm的圆。

按摩霜：乳霜质地取约直径3cm的圆，1颗樱桃大小；啫喱质地需要2倍乳霜质地的量，也就是直径6cm的圆。

隔离、防晒乳/霜：脸部的正确用量是1粒蚕豆大小，约直径3—4cm的圆。

乳液：平铺在掌心约直径1.5cm的圆。如果是偏干性肌肤，可以再增加三分之一的用量。

面霜：相对于乳液稍微缩减一些，直径1cm的圆就足够了。同样，如果是干性肌肤可增加最多一半的用量。

磨砂膏：直径1cm的圆就是极限了，敏感肌肤应该减半。按摩10圈就应该在脸上增加水分，帮助润滑。

要根据肌肤的状态增减化妆品的用量

像夏天和冬天这样温差明显的季节，相信谁都会适当地增减化妆品的用量。可是，在其他季节，你是不是每天搽的量都一样呢？

其实，肌肤的状态并不只是因季节而异，而是每天都不同。一天到晚闷在办公室里，不停地被空调吹着，肌肤就会变得十分干燥；吃了油腻的食物，或者喝完酒以后的第二天，肌肤分泌的皮肤油脂状况也和平常不一样；经期前肌肤会比平常黏一些。

那么，请每天仔细地照一照镜子，然后根据肌肤的状况来适当地增减化妆品的用量。你是不是在化妆的时候就打起十二分精神努力地照镜子，而早上起床后洗脸之前却不太注意观察自己肌肤状态呢？还是选择倾听一下自己肌肤的声音吧，这样护肤才能达到好效果。

1. 当你清洁面部时，能保持产品覆盖全脸并且不会滴落，在脸上打圈2—3分钟，都没有干涩感，并且很顺畅，这个用量就是最合适你自己的。

2. 面部滋养类产品除了遵循建议用量，每个人的特殊性也不能忽视，这时就需要肌肤自身的感觉来判定。使用化妆水后，脸部要感到很滋润，但是不能有多余的水分；乳霜类产品，则是在能覆盖全脸的基础上，按摩1—2分钟后都被吸收，肌肤也不会有紧绷感。

3. 容易被忽略的隔离霜用量其实和防晒产品的用量是一致的。因为用量较大，可以在用完面霜后涂抹一半的用量，15分钟后再涂抹剩下的一半用量。

06 远离干荒肌，关键 3 秒钟

你可知道洁面后过多久进行肌肤保湿才是皮肤抗衰老与保湿工作的黄金时间吗？1分钟还是2分钟？或者你根本就没有留意？那么我告诉你，最近在韩国护肤界流行的趋势是：洁面后的3秒钟是保湿的最宝贵时间！

3秒钟？要这么急？是的，如果你还在忽略，那么这黄金3秒钟将变成恐怖3秒钟。

何为保湿恐怖3秒钟？

美容权威机构曾做过专项研究，在清洁肌肤之后的第3秒，皮肤的各项机能都将到达谷底，如不及时对肌肤进行保湿，肌龄将在你的坏习惯中悄悄提升，专家将这3秒钟称之为“恐怖3秒钟”。

保湿产品用得再多，关键还是要看时间是否合适，而洁面后的3秒钟恰恰被很多人忽视。洁面后毛孔是打开的状态，这个时候水分会急速流失，当然也是补水的最佳时机。

“恐怖3秒钟”在韩国得到很多美容达人的推崇和认可，韩国主持人姜东虎主持的《STATSKING》节目曾经做测试得出这样的结论：皮肤表皮原先水分含量为 50.1%，洁面3秒钟后水分含量降为41%，1分钟后降为35.8%。“3秒钟保湿”自此成为韩国诸多演艺明星的最基本保湿法，而韩国的不老女人金南珠正是3秒钟保湿法的受益者。

07 巧妙使用爽肤水，由内而外回复净白肌

爽肤水是日常护肤的必选之一。不过还有很多人没有正确地使用爽肤水，导致浪费不少，我们一起来看看爽肤水的正确用法吧。

Step1：从两颊开始由内至外轻轻地擦拭

将化妆棉彻底浸湿，从两颊开始由内至外擦拭皮肤，可以起到软化角质的作用，让你的后续保养更加有效，让爽肤水的成分渗透进肌肤，给予肌肤第一道保养。

Step 2：额头部位用螺旋式的涂擦法

脸上的皮肤是不一样的，有些MM额头的位置出油较多，就可以用螺旋式轻轻擦拭，但手法不要过重，避免产生细纹，不仅能分区域保养肌肤，还能清洁肌肤上的老化角质。

Step 3：容易忽略的耳际处也要加强

在洁面时，很多MM都会忽略发际、耳际的位置，这样会使污渍积累，长期未能及时清理，就会造成肤色不均等问题，在用爽肤水的时候，要轻轻带过，这样才能起到再次清洁的效果。

Step 4：脖子部位也要加强美白保养

很多MM脸上和脖子上的肤色相差很多，所以不要忽略脖子的护理，脖子没能保养好就会暴露出你的年龄哦！在涂抹爽肤水的时候，要和脸部同步进行，你的脖子和脸部才不会产生色差。

08 根据肌肤状况决定用手拍打还是用化妆棉搽化妆水

很多MM一直很疑惑，使用化妆水时到底应该用手拍打，还是用化妆棉搽？一般说来，大家都比较推崇用化妆棉来搽化妆水。从清洁的角度来看，使用化妆棉的确比直接用手要来得卫生。使用化妆棉还有另一个优点，就是能够把化妆水均匀地搽到整个脸上。

但是，补水保湿最重要的不是均匀，而是要有张有弛，突出重点。像双颊和眼部这些容易干燥的部位应该反复搽化妆水。而使用化妆棉，空气不断地扑到脸上，毛孔就会一下子收缩起来。

油性肌肤且喜欢清爽润肤的MM可以选择用化妆棉来搽化妆水。但是，对于皮肤粗糙且属敏感肌肤的MM来说，化妆棉的纤维和摩擦往往会对肌肤产生刺激，从保护肌肤的角度出发，还是用手轻轻拍打比较好。

敷面膜之前应该先搽化妆水

很多MM都是清洁面部后直接敷面膜，但这样就会影响面膜中的有效成分渗入。我们应该先使用化妆水，为面膜中那些美容成分的渗入开辟道路。尤其是在敷膏状面膜的时候，如果不事先使肌肤得到充分的滋润，面膜中的油分就会黏糊糊地堆积在一起，很难涂抹均匀，而且不易渗透，最后滞留在毛孔中，导致毛孔阻塞。

如果在敷面膜之前先搽上化妆水，肌肤事先得到了充分的滋润，面膜中的油分就能化开，不易阻塞毛孔。化妆水的这种功用不仅体现在敷面膜的时候，平常搽护肤霜时也同样奏效。肌肤干燥又容易长粉刺的人可千万要记住了，化妆水的滋润作用能够防止油分阻塞毛孔。

美容液加乳霜帮你减淡皱纹

很多人追求一种清爽的感觉，所以很多品牌的美容液成分都是高度浓缩的，而具有除皱和美白功效的乳霜也和美容液一样是高浓度的。但是，我们更想知道的是具有除皱功效的成分能否透过表皮到达真皮。如果是分子量较小的成分，当然能够到达真皮，配方得当的话，甚至能渗透到真皮下的皮下组织。另外，乳霜到达真皮时，之前所搽的美容液也会渗透得更好。因此，如果肌肤已经开始老化，那么在搽完美容液后再搽乳霜，除皱的效果是能更上一层楼的。

09 精华素使用不当，全浪费

不要以为选好精华素，抗老功课就万事大吉。要知道，会用才是关键！千万不要让价格不菲的精华素变成鸡肋！

守则一：仔细阅读说明书，按量使用

抗老精华素往往含有同系列产品中最多、最有效、最浓缩的营养成分，说明书上不厌其烦地告诉你它最合适的用量，甚至精准到“滴”，这与肌肤的耐受度、吸收力甚至肌肤吸收周期统统有关。

抗老精华素的用量是经过综合分析后精密计算出来的，尤其是最近大热的DNA基因保养更是和肌肤本身的状态严密结合。按量使用才是令精华素发挥效果的最经济实惠的办法。

不要以为多用比少用强，过犹不及的道理在这里同样适用。因为高浓度抗老产品的过多使用，容易导致肌肤因营养过剩而产生抵触、排斥甚至过敏等症状。所以，请务必依据说明书的指示按量使用。

守则二：混搭顺序很重要，混前测试是关键

虽然很多精华素号称全能，但术业有专攻，如果手边有多种主打功效不同的精华素，如何混搭就显得格外重要。

先辨质地。不同质地精华素的涂抹顺序，与护肤品传统涂抹顺序类似，从水状——乳状——凝胶状——油质霜状，按照分子先小后大即可。

如果质地相当，那么由于其功效不同，在分子和作用原理上就会有差别，涂抹时应按功效区分顺序。深入真皮层深处的高浓度抗老产品先涂——接着使用作用于真皮层和表皮层的美白亮肤抗斑类抗老产品——最后涂抹分子较大的肩负锁水滋养功效的保湿类抗老产品。

特别提示：由于抗老精华素中各类成分的浓度会比其他产品高上许多，所以抗老精华素混搭还是需要特别小心。不然轻则引发“搓泥”现象，重则可能导致红肿过敏反应。耳后肌肤过敏测试是敏感肌肤安全混搭的必要步骤。

守则三：特殊精华区别对待

大多数面部精华素都可以用在颈部，但由于浓度和成分的问题，却不宜用在敏感脆弱的眼周。即便是号称可以全脸使用的抗老精华素，为了安全起见，也请在耳后试用后再用于娇嫩的眼部，避免出现脂肪粒或过敏现象。

弱酸性精华素很特别，那些含有果酸、水杨酸、左旋维生素C及衍生物、玻尿酸、曲酸、酸性氨基酸、鞣花酸、甘草精华等成分的弱酸性精华素（多含美白亮肤功效）能够将肌肤调整为健康的弱酸性状态，为了更好地发挥作用，避免其酸性成分减弱，最好单独使用它们。

此外，很多抗老精华素中蕴含高浓度精纯维生素A，这种成分可以极速促进细胞新生，高效密集抗皱，但是这类精华最好只在夜间使用，而且要避光使用。医药级别的产品效果绝对好，但是，使用起来也要特别注意正确的方法。

Tips：精华素保养手法：

1. 指节轻揉斑点：将食指第二指节平滑处，贴在斑点处轻揉按摩。
2. 全脸画圈按摩：并拢食指、中指与无名指，从下巴开始向上画圈。
3. 双手包覆升温：搓热双手，贴在脸颊约10秒。

10 9个简单小技巧让眼膜效果更给力

面部需要面膜的滋养，眼部当然也需要眼膜的滋养。相信大家对面膜都非常熟悉，不知道对眼膜又了解多少呢？为了适应现代生活的需要，从眼部护理产品中细分出来的眼膜，除了具有迅速补水、密集式加强营养的功能外，还具有快速舒缓的功能。所以也应该坚持使用眼膜，每周至少2次，并与眼霜配合，这样才能达到最佳的护眼效果！

敷眼膜前需要彻底清洁肌肤

不管眼睛上是否化了彩妆，彻底清洁肌肤都非常必要，卸妆油这个步骤绝不能跳过。

将眼膜冰一下

冰冰的眼膜会令浮肿的眼睛得到绝对的舒缓。

敷眼膜之前先热敷眼睛

先用热毛巾敷一下眼睛，再敷上冰冰的眼膜，眼部的循环会更理想。

敷眼膜要有方向感

对于布式的眼膜来说，要从眼头向眼尾的方向敷；乳状的眼膜也是如此，千万不可以来回涂。

敷眼膜的位置要精准

建议的最佳距离是眼睛下面3毫米的地方，而且只限于下眼睑。因为上眼睑的肌肤比较薄，对营养的吸收能力比较有限。如果要敷在上眼睑，只限于对抗眼睛浮肿。

敷眼膜的时间

这要看每一种眼膜的不同要求，不可以敷过长，否则恐怕会适得其反。

眼霜是眼膜的亲密伙伴

不是说敷了眼膜就足够了，一定要在敷眼膜之后搽上眼霜，这样才能让眼部肌肤得到更好的滋润，如果单单敷眼膜，取下后眼部肌肤会有紧绷感，反倒会催生细纹。

敷眼膜的最佳时机

a. 生理期后一周——体内雌性激素分泌旺盛，这时敷，最有效。

b. 泡澡时——借着热气，加速循环。

c. 睡觉前——让养分在你睡觉的时候发挥作用。

眼膜不能每天敷

如果每天敷，会长油脂粒的！此外，更不能敷着眼膜睡觉，否则一旦眼膜中的精华液全部挥发了，会带走肌肤中的水分。

11 一次的用量分 3 次擦，才能使化妆品充分渗透

想要让美容成分大量地渗入肌肤深处，就必须先把角质层给填满。而角质层每一次能够承受化妆品的量是有限的，因此如果单次用量太多，不能一下子全都渗透进去，它们会残留在肌肤上，让我们的肌肤变得黏糊糊的。

如果把一次的用量分成三次来搽，每次的量减少了，就能搽得更均匀，不会发黏，每次搽的量也就都能尽数渗透进肌肤了。三次的时间可以没有停顿。

保湿效果好的化妆品要慢慢、轻轻地搽

我们常常把低分子化妆品当作可以迅速渗入肌肤的保养品，因此也把低分子化妆品当作是最好的化妆品。可是，具有润肤锁水作用的保湿类化妆品大多是由分子量大于10000的大分子透明质酸和骨胶原混合而成的。透明质酸的分子量为50000—80000，骨胶原的分子也很大，所以保湿效果好。这类化妆品总是有点黏糊糊的。正因为如此，如果搽的时候动作过快过猛，或者用量过多、一搽就搽好几层，那么就有可能产生结块、搽不均匀、搓泥的现象。搽保湿效果好的化妆品有一个要领，就是要慢慢地、轻轻地涂抹均匀，直至吸收。

12 美白去斑产品使用有讲究，关键在于72小时

据皮肤科医生长期观察，30岁以上的人几乎100%都长有或大或小的色斑。于是，就有人提出一个疑问：都说色斑是由紫外线造成的，但25岁以上的女性都在拼命地避免接触紫外线，为什么还会有色斑形成呢？原因就在于皮肤能够记忆受到紫外线照射的量。皮肤并不是一受到紫外线照射就会产生色斑，皮肤中的黑素细胞（位于表皮最下层的基底层中的色素细胞）能够记忆一直以来所受到的紫外线照射的总量。如果继续不停地接受紫外线的照射，总有一天黑素细胞的记忆库会被装满，这个时候皮肤就会像得花粉症一样，事前毫无征兆，突然有一天，黑素细胞活性异常，色斑也就这样形成了。

足量去斑

有数据表明，人一生中所接受的紫外线照射量有80%是在18岁以前累积起来的。20岁以后大家都如梦初醒，开始专注于美白，可是不管你怎么用心，日常生活中受到的紫外线照射量还是会慢慢地积聚起来，不经意间色斑已经爬上你的脸庞了。为了防止黑素细胞的紫外线照射量记忆库增值，在日常生活中最好一年四季都使用防晒霜。如果这样还是有新的色斑产生，那么就地毯式地使用各种美白去斑产品，要做就要做得彻底。陈年色斑的黑素细胞活性极强，美白去斑产品很难奏效，可是刚长出来不久的色斑却是能够用美白产品让它们缓解下来的。

想要得到较好的美白去斑效果，关键是1个月内要用足30克左右的美白去斑产品，而且至少连续使用3个月。如果有可能的话，不要吝啬地只是早晚各搽一次，最好每天搽3次以上，而且用量一定要足。

关键72小时

皮肤受到紫外线照射后，过4—5小时就开始慢慢变红，大约24小时后这个变红的过程就到达顶峰。经过紫外线照射3—4天后，黑素细胞开始制造黑色素，皮肤就变成褐色的了。褐色听起来蛮不错的，其实说得明白点就是皮肤失去光泽，变得暗沉。正因为如此，必须在皮肤变黑前的3天（72小时）之内做个彻底的美白护理。

美白产品大多含有抗氧化成分，所以在黑色素开始形成之时便是美白产品发挥功效的最佳时机。如果皮肤没有变红，也没有火辣辣地疼，那么就在接受日照后的当天进行全面美白护理吧。日常使用的美白美容液也是可以的，不过在这个关键时刻可千万不能吝啬。美白面膜、短期集中护理用的美白美容液等高浓度的美白产品该用还是要用的。要想把业已形成的色斑彻底去掉可以说是难上加难，可是在黑色素尚未被释放出来之前使用美白产品，就能将其美白功效发挥得淋漓尽致。

按摩促吸收，对抗顽固色斑

那么顽固色斑是不是就没有办法对付了呢？也不是，用美白化妆品去除点状色斑时，需用手指轻轻按摩来促进渗透。

用棒状的美白产品来集中对付每一粒小斑点，把棒状美白产品直接点到皮肤上，然后用手指轻轻地按摩，使它与皮肤更好地融合。有数据显示，多花这么一点点时间就能使美白成分更好地渗透。

我还了解到一个在睡眠中也能促进美白去斑成分渗透的独家秘诀。在你特别在意的色斑上搽上足够的美白产品后，贴上一条医疗用的胶带加以保护。密闭效果能进一步提高渗透率，而且有了胶带的保护，即使在睡眠中也不用怕和枕头、被子发生摩擦，这样美白成分就能够被充分利用起来了。

13 美白与紧致的化妆品同时使用时，应该先用紧致的化妆品

在使用美白化妆品去斑的同时，如果还想用紧致化妆品来消除皱纹和松弛，那正确的顺序是先搽紧致的化妆品。

皱纹和松弛源于真皮，而色斑则发生在表皮上。

化妆品总是先搽的比后搽的渗透得更深。但是这两种化妆品最好不要混合在一起使用。虽然不会发生类似A和B混合在一起产生新的物质C的化学反应，但是不能保证绝对安全。

一定要从25岁开始就用抗老产品吗

很多MM问我，抗衰老真的需要从25岁就开始吗？

要知道抗衰老的产品都好贵，而且听说一旦使用了这些抗衰老产品，肌肤对其他的产品就不再感冒了。

其实，老化现象归根到底就是代谢速度低下和活性氧对肌肤的伤害不断积累而造成的一种生理现象。因为年轻时代谢旺盛，所以真皮中的胶原纤维和弹力纤维的产生也十分旺盛。但是，随着年龄的增长，这两种纤维的生产量也逐渐减少。而皮肤在制造胶原纤维和弹力纤维时、呼吸时以及受到紫外线照射时都会有活性氧生成。

抗衰老化妆品的作用是消除活性氧，并使胶原纤维和弹力纤维增多，因此用于防止肌肤老化是再合适不过的了。使胶原纤维和弹力纤维变多、变结实，就好像在让肌肤做运动，最好是从年轻时就开始。当然也不是必须，还是要看自己的肌肤状态以及承受能力。

也会有人担心，从二十几岁就开始使用营养丰富的抗老化妆品的话很容易长痘痘。对于有这种忧虑的人，我建议可以从使用像化妆水那样具有轻微润肤作用的化妆品入手。具有抗氧化作用的成分能够消除活性氧，含有这种成分的有维生素C、茶多酚、碧萝芷（从法国沿海松树的树皮中提取出来的抗氧化成分）及辅酶Q10等。

14 面膜敷多久才对，只敷15分钟会不会浪费

大多数面膜停留在脸上的最佳时间是10—15分钟，当然也不乏一些只需停留3分钟的超速型面膜。可只敷这么一丁点时间，美容成分真的都渗透进去了吗？是不是敷得更久一些，美容成分就能更多地渗入呢？

事实上，每一种面膜所含的美容成分在它的规定停留时间内都能充分渗透，超过最佳停留时间后，即使继续把面膜留在脸上，顶多也只能再渗透一点点，纯粹是浪费时间。尤其是用化妆水和脸状面膜纸自制的化妆水面膜，敷上3分钟左右就足够了，要是超过了这个时间，面膜纸会反过来吸收肌肤中的水分，所以千万不能太贪心哦！

涂抹式面膜应该从低温部位开始按次序涂抹

敷涂抹式面膜时，如果仔仔细细地涂抹的话，至少也要花上好几分钟时间。这样一来，最初涂抹的部位已经干透了，美容成分也完全渗透进去了，可是最后涂抹的部位却还没开始渗透。为了消除这个时间差，我们应该尽量从温度较低的部位开始涂抹。额头和鼻梁处温度较高，而脸颊和嘴巴周围温度就相对要低一些。皮肤的温度越低，所需的渗透时间也就越多，因此，需要最先涂抹的部位应该是脸颊。紧接着涂抹嘴巴周围，然后是鼻梁，最后是额头。按照这个顺序来涂抹的话，在规定的停留时间内，美容成分在各个部位的渗透程度会大致相同。如果是泥状面膜或者撕拉式面膜，涂抹在每个部位上的面膜风干的时间也大致相同，大家可以试试看。

15 防晒霜需要反复涂抹才更有效

防晒指数是以1cm²的皮肤搽2mg的防晒霜为基准测定出来的。但是，事实上我们中间有些人搽的量只有0.5—1.5mg/cm²。如果搽得这么薄，真正收到的防晒效果就只有瓶体上所标示的SPF值的20%—50%。为了防止发生漏涂和涂抹不均匀，同时要保证涂够量，就一定要反复涂抹。用数值来表示的话，这样做比只搽一次的效果要好2.5倍。如果是乳霜状的防晒产品，就用双手分别取2大粒珍珠大小的量。如果是乳液状的防晒产品，至少需要5角硬币大小的量。很多人在搽防晒霜时往往忽略了——耳朵！可事实上耳朵是极易晒伤的部位，千万不要忘了给耳朵也搽上防晒霜。

日常生活中不需要搽SPF50的防晒霜

SPF值越高防晒效果越好，这一点是不可否认的。正因为如此，有一段时期各生产厂家竞相提高SPF值，市面上甚至出现了不少SPF50的防晒产品。但是，很多人仅仅因为自己搽的防晒霜SPF值高就疏忽大意，流汗后也不补搽。

事实上，SPF值在30以内的防晒产品的紫外线防御率确实与它的SPF值成明显的正比，可是超过30以后防御率就只是随SPF值的升高略有上升而已。因此，当阳光较为猛烈时，最合适的就是SPF30—50的防晒产品。在日常生活中，受到紫外线照射的量不会太多，SFP15—25就够用了。另外，一般说来，SPF值越高含油分也就越多，搽到脸上会黏，所以厂家在生产这类防晒产品时有意识地减少了其中的保湿成分的量。因此，在搽防晒霜前一定要充分地润肤。

16 护肤品也应换季

世界上没有一种化妆品是百分之百适用于所有人，也没有一套产品是四季通用的，因此想要呵护娇嫩的肌肤，首先要有正确的护肤观念——化妆品也要换季。而化妆品的换季主要是在春夏交替以及夏秋交替时，简言之就是夏天用的产品和其他三个季节的不同。而化妆品换季最容易出现问题的是秋季，所以下面就以夏秋换季的护肤品为重点说明。

换季，要过渡进行

许多人喜欢用整套的化妆品，夏天用一套，秋冬天用一套，每年换季的时候就把夏天用的化妆品整套收好，然后再把秋冬天的一整套拿出来用，可是这种做法却往往会让肌肤过敏，产生一些不必要的麻烦。

突然间转换新的护肤品，令肌肤细胞对外界的突变产生“惊吓”抵抗，引起不适症状。因此，应该逐一更换适应，循序渐进不仅能将不适减至最低，更可以使产品的功效发挥得更好。

换季时可以首先换掉洗脸类产品，比如洗面奶、卸妆产品等，因为这些产品在脸上停留的时间不长，对肌肤的“侵犯”是最小的，所以可以用此类产品作为换季的“先锋”，先试探一下肌肤的接受程度，然后再慢慢地更换化妆品。洗完脸后，我们首先用的就是化妆水，然后是精华素，那么与脸部肌肤贴得最紧的当然也是这些了，而涂在外层的乳液相对来说敏感度较低，所以第二个要更换的产品类就是乳液、乳霜类。如果“试用”感觉良好，可以再往“内层”发展，感觉不好就马上停止。换季时也是肌肤最容易过敏的时候，避免过敏的最好方法就是用惯用产品打底。在使用新款化妆水之前先拍上一层现用的化妆水。如果只想换一支新款的精华素，应以最习惯的化妆水打底，从少量精华素着手，逐渐增加。夏天时可在滋润浓度高的精华素内加几滴现用的化妆水，调匀了抹上。

换下来的化妆品如何保存

衣服换季时我们会一一清洗好、叠好收入柜子中，可是换下来的化妆品呢，要如何保存？夏天的时候天气温度高，有些化妆品不适宜在这么高的温度下保存，所以要把它们放进冰箱；秋冬天气温本来就不高，就没必要那么做了。下面给化妆品分了类，大家只要按照这些分类保存法保存就可以了。

护肤品：护肤品中有清洁肌肤类产品，如洗面奶、洁肤乳等，也有养肤产品，如日霜、晚霜、面膜、精华液等。一般来说，这类化妆品只要放在阴凉避光处，就可以确保产品的质量。

化妆水：这类的产品可装回原包装盒中，放在冰箱内冷藏。

膏霜类：此类护肤品在存放之前，应用稀释75%的酒精擦拭瓶口及瓶盖，旋紧后，再放回原包装盒，存于阴凉处，不需要放在冰箱里。经过这样的处理，不仅可以使护肤品不变质，同时还可杀死残留在瓶盖瓶口的部分细菌。

彩妆类：彩妆化妆品的保存同样可以用75%酒精，将瓶口及瓶盖擦拭干净后再收藏。海绵粉扑在收藏前应先清净，待彻底干透后再放入粉盒内。

口红：用刮棒刮去已使用过的层面，盖紧瓶口，置于阴凉避光处。避免阳光直接照射或温度过高，以免溶解或变质。

指甲油：先用洗甲水清洗干净瓶身和瓶口，再封紧。

香水：香水的保存最为困难，因为无论如何存放，只要一开封，便有变味的可能。不过，一般来说，喷式香水较易保存，因为瓶上的设计为密封式。而蘸取式香水的保存则较困难，建议在封口前先用75%酒精棉球清洁瓶口。盖紧瓶口，再用蜡将瓶口封好，放于阴凉处，这样可避免香水变味。

当季节轮换，在重新使用这些保存过的化妆品时，还要检查是否变质。如果已经变质，宁可丢弃不用，也不要觉得浪费而勉强使用，否则会伤害皮肤。

不同肤质如何换季

干性肌肤换季关键：一切以补水保湿为中心

干性皮肤的换季原则就是一切以补水保湿为中心。夏天的强效清洁洗面产品可以收起来，到了秋季，换成有保湿滋养功效的洁面乳，避免洗脸后的紧绷感。夏天使用的轻薄保湿乳液已经不够滋润，可以换成滋养成分更多、含有一定油分的保湿霜，更好地锁住皮肤中的水分。对于怎么补水也不“解渴”的干性皮肤，在秋季可以加一款保湿精华，给皮肤更深层的滋养。

雪藏单品：强效的洁面产品、轻薄的保湿乳液。

秋季必备：滋润的洁面乳、保湿乳霜、保湿精华、保湿面膜、保湿彩妆、隔离霜。

混合性肌肤换季关键：全脸补水保湿，T区去角质

秋季皮肤油脂分泌减少，混合肤质的人在基础保养中不再需要“分区而治”，完全可以全脸使用同样的保湿护肤品。如果T区出现油光加干性皮肤的问题，补水的同时要注意每周给T区去角质。混合肤质的人夏天往往更重视控油和清洁，到了秋季应该停用控油产品并减少清洁面膜的使用次数，换用温和的洁面产品和不含酒精的化妆水。

补水保湿是秋季最重要的任务，对于混合型皮肤来说，可以早上用相对清爽的保湿乳液，晚上用质地厚重的保湿面霜，给皮肤更多滋养。秋天，各种肤质的人都应该使用保湿面膜，混合皮肤的人也不例外，如果夏天也在用保湿面膜，秋季可以增加保湿面膜的使用次数。

雪藏单品：强效的洁面产品、含有酒精的化妆水、控油护肤品及彩妆。

秋季必备：温和的洁面产品、无酒精化妆水、保湿乳液、保湿面霜、保湿面膜、去角质磨砂膏、保湿彩妆。

敏感肌肤换季关键：补水保湿，慎换品牌

对于皮肤敏感的人来说，补水保湿是夏秋换季时最重要的保养，美白、去斑、抗皱……一切其他的美肤功课都应该停止，等到气候稳定、皮肤新陈代谢也比较稳定的冬季再进行。因为美白抗皱的护肤品大多对皮肤有刺激，使用后反而容易引起皮肤敏感。秋季最好换用质地较厚的保湿霜配合保湿精华和保湿面膜为皮肤补充水分，同时具有保湿、舒缓效果的护肤品也是不错的选择。

雪藏单品：美白、去斑、抗皱的保养品。

秋季必备：保湿乳霜、保湿精华、保湿面膜、舒缓产品、隔离霜。

油性肌肤换季关键：减少控油产品，注重去角质

天气转凉，“产油大户”的油产量降低，可以根据个人出油状况减少或停用控油护肤品，比如控油乳液、面膜、粉底。要解决缺水导致的出油，还要做好皮肤的补水保湿。用完爽肤水后，可以用轻透的保湿乳液代替控油产品。有些油性皮肤的人为求清爽，夏天除控油、深层清洁以外的护肤步骤能省则省，但到了秋天一定要开始使用保湿面膜，为即将到来的冬天做好水分储备。

去角质是油性肌肤夏秋换季时需要特别注意的问题，老废角质堆积不仅导致皮肤干燥，毛孔阻塞还会引起脂肪粒、痘痘等问题，定期为皮肤去角质就可以缓解你的“干皮”问题。

雪藏单品：控油乳液、控油面膜、控油彩妆。

秋季必备：清爽的保湿乳液、保湿面膜、去角质磨砂膏、保湿彩妆。

CHAPTER

5

护肤品MIX&MATCH 混搭方案

时尚界崇尚混搭风不是一天两天了，很多名模将MIX&MATCH的风格发挥到了极致，成为一道道靓丽的风景。

护肤品当然也不例外地加入了混搭风，要知道，护肤品也有品牌之别、四季之分、功效之异。很多MM东买西买，一下就买了满桌子的瓶瓶罐罐，问题就来了：怎么混搭使用才对呢？

其实，我觉得护肤品要来个MIX&MATCH，一定得混搭出个人的最佳风格才好，也就是说必须适合自己才行。

01 护肤品混搭原则

化妆品专柜的美容顾问都会这样告诉你：全套护肤品用一个品牌，不会互相冲突，而且还有辅助吸收的作用。真的是这样吗？其实不一定哦。

使用同一个品牌的产品是最省事的方法，对初级使用者和懒人最适合不过了。但我是混搭的拥趸者，因为不同品牌稍微搭配一下，带来的效果反而比用同一个品牌更加惊喜。

究竟该如何搭配呢？说难也不难，我们只要遵循一个标准——水油平衡。所有的保养品搭配都要向它看齐，以达到肌肤水油平衡为最终目的。下面我简单说下搭配章法和原则。

护肤品混搭有章法

a. 护肤品只听肌肤的话

只有听肌肤的意见，才能决定你的取舍。比如经常会听到有人喜欢用泡沫的洁面产品，不喜欢洗不干净似的洗面奶类的产品；或者正好相反，喜欢后者因为感觉温和不刺激，不喜欢前者像用香皂似的。谁都没错，只要对肌肤的"脾气"就行。

b. 功效相近的护肤品不要同时使用

习惯性地认为功效相近的产品可以放到一起使用，会有翻倍的效果？真相却是——由于产品成分或功效的类似，在搭配组合后，产品的效能有时反而会相互削弱、抵消。比如说具有抗皱功能的氨基酸会妨碍抵抗紫外线的功效，这样的两样产品不要在一起使用。

要知道，具有相近功效的产品其所含成分或工作原理都非常类似，肌肤本身的吸收能力是有一定限度的，营养过多肌肤也吸收不了。

c. 混搭的先后顺序很重要

保养品的使用顺序除清洁外，基本上是按照化妆水、精华液、凝胶、乳液、乳霜、油类产品这样的先后顺序使用的。

d. 敏感肌肤混搭原则

角质过薄和角质受损是造成皮肤敏感的主要原因，混搭的首要原则就是不要伤害角质，减少刺激。如果本身并非敏感肌肤，而过敏只是某一阶段的特殊症状，那一定必备专门针对敏感状况的产品，一旦出现干燥、脱屑、发红等不适状况时及时使用，尽可能地降低对肌肤的伤害。还有就是在日常护理的产品中选择含有镇定、安抚功效成分的产品。

e. 护肤品的混搭禁忌

有些抗皱护肤品，为防止肌肤老化会加入激素类药品，对于熟龄肌肤的人比较适合，而对于激素分泌正常的年轻人来说，不但没有积极作用，反而会刺激皮肤，甚至导致某些皮肤病变。而那种号称深层补水的凝胶类产品，水分含量较高，可能刚涂抹上去时有很清爽、很舒服的感觉，但因为其间的水分很容易挥发，对需求营养较多的干性肌肤改善的能力也比较弱。尽管以上类型的产品可能是某品牌的王牌产品，但与其他产品搭配使用后，反而会1+1＜2。

护肤品混搭原则

a. 肤质原则

肌肤会告诉你什么时候干、什么时候油，什么产品真正有效，最好先用试用装来做个搭配测试，一周为一个时限。

b. 季节原则

春季的补水、防过敏，夏天的美白加防晒，秋天的修护与保湿，再加上冬天的滋养抗衰老，就这样过了肌肤护理的一年。在选择的时候，各个品牌的代表产品优先，再按照水油产品使用的先后顺序，绝对有事半功倍的效果。

c. 年龄原则

年轻的肌肤适应性会比较好，但对于熟龄肌肤来说，个性太强的混搭会引起肌肤的排斥反应，所以建议熟龄肌肤混搭产品的时候，尽量选择性质温和的产品。

护肤品混搭雷区

酒精化妆水+滋润乳液

后果：用后脸上能搓泥

现在很多MM都喜欢使用二次清洁效果非常好的含酒精的化妆水，可是当你使用过化妆水后马上使用滋润型乳液，酒精成分与油性成分碰撞就会导致产品搓泥，这样碰撞出的效果不但失去原有的护肤功效，而且还会造成浪费。

解决方法：用不含酒精的保湿水

当出现搓泥现象后，马上停止酒精化妆水的使用，含有透明质酸、玻尿酸类的保湿型化妆水才是搭配滋润型乳液的最佳选择。

美白精华+抗老精华

后果：红肿、脂肪粒

当你的肌肤同时有美白与抗老需求的时候，也许你会选择美白精华与抗老精华混用，但是我们的肌肤吸收营养的能力是有限的，就像每周只需要敷2—3次面膜一样，过多的营养成分一部分是浪费流失，另一部分是堆积在肌肤表面形成可怕的脂肪粒。

解决方法：分时段使用产品

当你的肌肤同时有美白与抗老需求时，为避免混用护肤品带来的可怕后果，你可以选择分时段使用护肤品。如果可能，选择一款美白抗老兼顾的产品最好不过了。

不同品牌+不同系列

后果：肌肤过敏

在换季时节，很多MM都会将美白功课提上日程，面对琳琅满目的美白产品，相信绝大多数人都会选择不同品牌而且是不同系列的美白产品进行混搭使用。

解决方法：选择同品牌同系产品

很多突发敏感的肌肤都找不到过敏的源头，其实归根结底你混搭护肤品的使用方式才是一切敏感现象的诱因。所以在换季时节，使用同一品牌、同一系列的产品进行保养才是你的最佳选择。

02 油性皮肤混搭方案

日间混搭方案一：泡沫洁面+控油水（强效）+控油精华（强效）+控油面霜（强效）

日间混搭方案二：泡沫洁面+控油水+补水精华+控油乳液（一般性出油肌肤）

晚间混搭方案：泡沫洁面+保湿水+水油平衡调理性的精华+补水乳液

日间之所以有两个方案，是因为方案一适合非常能出油的肌肤，在夏天使用可以全面控制出油情况。但是很多时候，我们的肌肤出油并没有这么厉害，方案二就是降级版本，适合一般性出油肌肤。这两个方案，我只改动了精华部分，加入了补水成分，皮肤在一定程度上，除了控油还需要滋润，这样的搭配会比较适合湿润的气候。

到了干燥的冬季，就要做些局部调整，比如晚间搭配方案，补水乳液要换成清爽的面霜。白天搭配里原来的控油水也改动为质地清爽的保湿水。

白天和晚间的搭配稍微有些差别。晚间多用滋润、修护类护肤品，皮肤的吸收度比白天要好，白天则应该以防护类单品为主。

在天气湿润的时候，油性皮肤出油厉害些，我们就加强点儿控油，四个单品里至少三个都是控油功能的产品。但是天气干燥，皮肤出油相对弱些，我们就着重保湿，四个单品里两个控油，两个保湿。水油平衡就是这么搭配出来的。

油性肌肤适用产品大推荐

泡沫洁面

理肤泉青春舒缓洁颜慕斯

参考价格：RMB140/150ml

产品介绍：针对青春痘肤质，将满足油性与青春痘MM们的保养需求。采用独家微囊化传导科技，可携带脂氢氧基酸（LHA）、维生素E、维生素CG、与Zinc PCA深入皮肤底层，自动找寻过度活动的皮脂腺进行调节，达到控油效果。同时也能温和地让角质剥离，改善表皮角质细胞的不正常角质化，清理毛囊阻塞，调理皮肤油脂腺分泌，代谢毛孔中的老废角质，进而让毛孔缩小紧致。

芳珂柔滑美肌保湿洁面粉

参考价格：RMB145/50g

产品介绍：幼细粉粒加水后能搓出细密丰富的泡沫，深入清洁毛孔，柔和地带走肌肤的油污，皮肤没有紧绷感，洗完后水分都会留在脸上，使脸部肌肤摸起来更加细腻柔滑。具感应洁净机能，有效去除污垢及多余油脂，同时保留肌肤所需的保湿因子和脂质，用后肌肤湿润柔滑。洁面后肌肤达至水油平衡的健康状态，带动涂搽的护肤品有更佳的渗透效果，提升整体肌肤吸收力。有助清除粗糙老化角质，消除暗哑，令肌肤更加光滑爽洁。

水芝澳控油净肤洁面慕斯

参考价格：RMB280/222ml

产品介绍：清除彩妆及不洁杂质。控制面部油脂产生，洗净残留杂质。不含油脂，基本成分为水，不含香料，pH均衡，为温和、防敏感配方，适用于油性皮肤。

控油水推荐

倩碧净颜洁肤水

参考价格：RMB190/200ml

产品介绍：特别为易生暗疮的肌肤所研发，这一特别温和的洁肤水身负双重责任：清理皮层并帮助减少会引致暗疮的过度油脂分泌。富含吸油粉末，这款肌肤水能即时消除油光，令肌肤表面呈现清净光彩。

芙丽芳丝控油调护化妆水

参考价格：RMB188/130ml

产品介绍：抑制多余的皮肤油脂，调整肌肤水分、皮肤油脂平衡，不易生粉刺、暗疮。为触感清爽的化妆水。能迅速渗透入肌肤，修护已生成的粉刺。能加强角质层防御功能，提高抵抗力，打造不易生粉刺的肌肤。

伊丽莎白雅顿水颜清爽爽肤水

参考价格：RMB220/200ml

产品介绍：油性皮肤专用，帮助肌肤水油平衡。蕴含金缕梅与迷迭香成分，能收敛毛孔，使肌肤光滑细致。配合控油粉末，可以抑制皮肤油脂分泌，清爽无负担。改善痘痘肌肤红肿、发炎等现象。

保湿水

雪花秀水律莹润提拉柔肤水

参考价格：RMB360/150ml

产品介绍：水律微囊成分为肌肤注入水分的同时，能锁住水分，防止肌肤水分流失。能深度保湿，提升胶原蛋白的质量，有效紧实提拉肌肤。小构树提取物温和调理肌肤老化角质，而甘草提取物则可帮助舒缓洁面后变得敏感紧绷的肌肤。柔肤水为轻薄凝露质地，可以为肌肤提供充足的水分。

OLAY玉兰油莹肌亮肤液

参考价格：RMB130/150ml

产品介绍：可深层渗透肌肤，为肌肤补充水分，滋润皮肤，同时也可进一步提升后续护肤功效，令皮肤白皙。独特的控油机制，当油脂分泌旺盛时，可发挥控油效果；当油脂分泌较少时亦能将皮肤油脂分泌出来，保持皮肤油脂分泌平衡，让肌肤永保清爽洁净。

AQUALABEL

水之印调整皮肤油脂美白化妆水

参考价格：RMB108/200ml

产品介绍：含亲水渗透成分，调整水油平衡，有效预防粉刺的产生，对抗痘痕。全面保湿技术CE、成熟保湿成分能保持角质层的保湿机能和防御功能，打造净白水润美肌！

控油精华

freeplus 控油调护精华液

参考价格：RMB230/20g

产品介绍：滑润美容液深层渗透肌肤，具有清爽不油腻的使用感。控制多余的皮肤油脂，抑制形成毛孔黑头的角栓生成，打造毛孔不明显的靓丽肌肤。控制油光，使妆容不易脱落，保持肌肤干爽。

Estee Lauder细嫩修护精华露

参考价格：RMB790/50ml

产品介绍：蕴含革命性NDGA微毛孔科技，从收紧底层的毛孔壁开始，由内至肌肤表面，神奇地收细每个毛孔。更搭配栗果净肤配方，溶解毛孔内滞留已久的杂质，令细腻肌肤焕发净澈光彩。

水芝澳海洋清透净脂毛孔隐形露

参考价格：RMB350/30ml

产品介绍：净脂——橄榄叶精华，从根本抑制过多油脂分泌；细致——非洲植物精华（绿花恩南番茄枝萃取物），减少角化现象，洁净收细毛孔；平衡——控油海藻精华&海洋矿物合成物SMC，深度油脂调理，全面平衡水油。净化并收细毛孔，清透的乳状质地，有淡淡的海洋芳香，吸收、渗透性好，不黏腻，用后有清爽感觉。

保湿控油精华

Avene 祛油保湿精华露

参考价格： RMB216/50ml

产品介绍： 含68%雅漾活泉水，调节油脂，有效保湿，皮肤清新平衡。内含的油脂调理成分，控制皮肤油脂分泌；葡萄糖酸锌，有效抑制细菌滋生，更持久洁净，避免瑕疵生成；保湿成分使皮肤感觉更舒适。

Eau Ravie 晶凝清爽保湿精华乳

参考价格： RMB360/75ml

产品介绍： 含射干精华，帮助减少分泌过多油脂，改善T区油腻地带，高度保湿，用后持久清爽。

兰芝毛孔修复保湿液

参考价格： RMB 235/120ml

产品介绍： 专为解决毛孔粗大带来的肌肤问题而研制，柔和延展于肌肤，滋润、清爽而不黏腻。特有的毛孔紧致技术有效调节皮肤油脂、调理角质和保护肌肤，预防和改善毛孔问题，缔造富有生机而健康的肌肤。

控油乳液面霜

碧欧泉净肤细致冰凝乳

参考价格： RMB370/30ml

产品介绍： 一款控油的保湿露，让油性肌肤保持持久的亚光妆容。富含控油亚光植物微粒，改善肌肤纹理和光泽。毛孔自动搜索技术，能够找到毛孔问题，强效吸油，收敛毛孔。

理肤泉痘痘清水油平衡保湿乳

参考价格： RMB210/40ml

产品介绍： 可以由内而外地有效控制油脂的分泌，还可以很好地收缩毛孔，预防痘痘的生成。控油的同时还可以为肌肤补充充足的水分，使肌肤恢复平衡的状态，清爽但是不油腻，温和安全，适合每天使用。

香奈儿净颜清爽乳液

参考价格： RMB560/50ml

产品介绍： 一款清新柔和的凝胶状乳液，调节皮肤油脂分泌的同时，每日改善肌肤的滋润度与柔嫩度。除了含有净颜系列共有的主要成分（海洋生物精华、规律油脂复合物、柔细收敛复合物）外，这款乳液更添加了超细致聚氨酯和硅树脂粉末，有规律地吸收皮肤过度分泌的油脂，紧致毛孔，使肌肤粉嫩之余还能提供润泽保湿功效。

03 干性肌肤混搭方案

日间混搭方案：洁面乳+保湿水（清爽型或者密集型）+补水精华+补水面霜

夜间混搭方案：洁面乳+保湿水（密集型）+补水精华+补水面霜（强效）

干性肌肤洁面产品应该首选乳类，虽然清洁效果弱一些，但是不会对皮肤造成任何负担，尤其是干燥的冬季。化妆水第一推荐保湿水，如果有毛孔问题，夏天也可以考虑用收敛水，但是最好选择没有酒精的。

日间保养方案中，我全部都选择了有保湿补水功能的护肤品，对干性肤质要滋润到底。但是，如果是夏天，这里面可以加入控油的产品，适当参考混干肤质的搭配。

晚间洁面产品不变，但是保湿水换成了密集型，这样比清爽型更加滋润，可以在晚上给皮肤更好的修护。如果可以的话，还要尽量选择一款晚霜。因为晚霜比一般日霜更容易吸收，营养物质更多，干性皮肤是非常适合用晚霜的皮肤类型。

干性肌肤适用产品大推荐

洁面乳

丝塔芙洗面奶

参考价格：RMB108/200ml

产品介绍：不含皂基，无刺激性清洁成分，柔和清洁，安全适用于敏感肌肤。弱酸配方（pH6.2），接近人体正常肌肤需求。不含香料、色素，无刺激，不阻塞毛孔，不会引起粉刺。清洗后留有薄薄一层保护膜，给肌肤即刻柔润保护。水洗、干洗皆宜，面部或身体清洁皆宜。各类脆弱肌肤（干燥、敏感、痤疮，对水质敏感等）、婴幼儿肌肤可使用。

迪奥花蜜活颜精粹洁洗面奶

参考价格：RMB550/120ml

产品介绍：能彻底完成温和卸妆清洁肌肤的程序，并带给肌肤舒适的感受。温和地清除彩妆、污垢和皮肤的油脂分泌物，同时滋润和淡化皱纹，适合缺乏紧实感、疲惫、暗淡的肌肤。

NEUTROGENA

露得清深层净化活力洗面乳

参考价格：RMB48/100g

产品介绍：天然矿物成分，能深层洁净肌肤，洗走导致肌肤暗哑的根源。同时，清新果橙香的亲肤泡泡及温和按摩微粒，有助放松及舒缓疲倦的肌肤，为肌肤注入新鲜的动力。适合夏天使用。

面部喷雾

LA MER海蓝之谜活肤舒缓喷雾

参考价格：RMB600/125ml

产品介绍：运用LA MER专利磁解水中的活磁成分，满载丰富的海洋及植物精华，维生素及矿物质，瞬间润泽原本疲惫的肌肤，即使极干燥的肌肤，也能得到镇静和舒缓。

依云水面部喷雾

参考价格：RMB78/300ml

产品介绍：依云矿泉水产于法国阿尔卑斯山，经过最少15年冰川岩层过滤而成，含有多种矿物质，持续使用能增加皮肤弹性，其独特的喷嘴设计每次可喷出百万滴依云天然矿泉水，有助按摩及滋润面部肌肤及有助于妆容贴面持久，连续使用两周后使你的肌肤含水度增加6%。

化妆水

艾文莉诺珀莹润化妆水

参考价格：RMB190/150ml

产品介绍：富含保湿成分，充分滋养肌肤，引导出柔嫩、丰润的健康肌肤。 有良好的浸透性，使美容成分作用于肌肤深层，缔造出健康的肌肤细胞。如海绵吸水般迅速渗入肌肤，使肌肤内部充满水分。含有的生物体类似成分，能迅速渗入干瘪肌肤细胞，补给所需水分。能持续滋润肌肤，使肌肤变得柔嫩、光滑。形成坚固的滋润保护膜，持续保护肌肤免受干燥、粗糙的困扰。

高丝精米水凝保湿露

参考价格：RMB450/50ml

产品介绍：超越以往保湿产品的概念和范畴，不再仅仅是给予肌肤润泽，而是进化至让肌肤自身提高保湿能力从而产生润泽。无论是何种类型的肌肤在持续使用本品2周以后都能步入更理想的肌肤状态，并能切实地感受到宛若从肌肤内部涌出的水润柔滑之美。

羽西水呼吸渗透凝露

参考价格：RMB180/75ml

产品介绍：深层水分渗透补充，显著提升肌肤滋润度。独特的生物乳蛋白复合元素（Bio-Milk Complex），给肌肤提供充足的营养和水分；质地极度丰润，令肌肤持久健康光润。

精华、乳霜

兰芝高效原水分精华素

参考价格：RMB280/50ml

产品介绍：强化了3阶段保湿滋润强化系统，增强皮肤保湿层的高保湿专门精华素。拥有柔和而丰富的使用感，使用后形成皮肤保湿层，使您体验皮肤表面的光滑和皮肤深层的滋润。

雅诗兰黛瞬间保湿乳

参考价格：RMB448/50ml

产品介绍：蕴含100%水分球体，能按皮肤需要释放水分元素，提供足够的水分，保持肌肤湿润，有效时间长达12小时，令皮肤在任何时候皆显得柔软细滑。

巴黎欧莱雅清润全日保湿乳液

参考价格：RMB140/150ml

产品介绍：蕴含纯净SPA矿泉水。萃取法国孚日山矿物温泉，超乎想象的纯净，带来非凡感受。富含所需矿物成分，能增强肌肤锁水功能，全天候保湿，令肌肤水润清新。

04 混合性肌肤混搭方案

混油日间搭配方案一：洁面泡沫或洁面啫喱+控油水+控油精华+补水乳液

混油日间搭配方案二：洁面泡沫或洁面啫喱+控油水+补水精华+控油乳液（轻混油皮肤）

混油夜间搭配方案：洁面泡沫或洁面啫喱+补水的水+水油平衡精华+补水乳液或者面霜

混干日间搭配方案：洁面啫喱+补水的水+补水精华+控油乳液

混干夜间搭配方案：洁面啫喱（也可以换成洁面乳）+控油精华+补水面霜

混合偏油肌肤的护理，我们还是把重点放在控油上，白天使用的四个保养单品里除了洁面，有两个都是控油的，但是最后乳液用补水的，稍微加点儿滋润。如果T区的油没有那么多，属于轻混油皮肤，那么可以选择方案二，精华和乳液功能进行调换，控油强度马上就低了一档。

到了晚上，混油肌肤的精华可以以调节为主，充分、全面修护，这时候再控油没有什么意义了。

混干肌肤就不推荐清洁力强的泡沫洁面了，可以考虑啫喱深层洁面，洗后脸会滑滑的，清洁度也可以接受，避免洁面后脸颊绷绷的。混干保养品要以补水滋润为主，但是因为脸部还是有爱出油的区域，所以四个基础保养品还是要保留一个控油的，以达到脸部的水油平衡。

晚上的洁面产品以温和的啫喱质地为首选，也可以换成洁面乳。混干肌肤晚上需要更加滋润，同时精华可以替换成保湿的，做到更加滋润。化妆水依旧保留保湿功能，质地薄厚随季节机动性调整。

混合性肌肤适用产品大推荐

混油的产品可以参看油性肌肤的产品推荐，而混干肌肤的产品可以参看干性肌肤的，在这里就不重复了。只推荐几款洁面啫喱和专门为混合性肌肤设计的护理产品。

洁面产品

薇姿油脂调护磨砂洁面啫喱

参考价格：RMB148/125ml

产品介绍：不同于其他磨砂啫喱的是，对于十分油性的皮肤而言，它是一款可以每天使用的清洁产品，并且不仅仅只是去除角质，更能有效抑菌，调节皮肤油脂分泌，有效修护肤质。表面圆润的聚乙烯微粒提供温和而有效的磨砂功效来帮助除去死细胞，能提供油性皮肤每日所需的去角质清洁，同时其温和而稀疏的磨砂颗粒，能保证每天使用也不会因为过度清洁而伤害到娇嫩的肌肤。

欧莱雅净界深层净化角质啫喱

参考价格：RMB 63/200ml

产品介绍：含控油舒缓因子、水杨酸及磨砂微粒。能深层去角质洁净肌肤，减缓肌肤再次油腻，持续净化。

乳霜产品

佰草集舒盈祛痘调理乳

参考价格：RMB80/50ml

产品介绍：蕴含藏红花、芦荟、忍冬等本草精华，质地清爽舒润，温和渗透。强力吸油物质能快速分解并吸收表面过剩油脂，有效对抗脸部油光现象，减轻痘痘产生，效果持久。长期使用更可使面部肌肤皮肤油脂分泌臻于平衡。

DHC樱桃果明凝露

参考价格：RMB120/40g

产品介绍：大量添加了西印度樱桃精华、水溶性保湿成分和美白成分的凝露。透明水分膜包覆肌肤，将滋润牢牢锁住，同时可完成美白兼保湿的双重功效。质感清爽，尤其适合混合性肌肤和青春痘肌肤。

CHAPTER 6

特殊时期保养心经

从青春恣意少女成长为美丽优雅女人，从幸福准妈妈慢慢步入不惑之年，当女人经历着一场场人生重要的蜕变时，肌肤——作为女人身体状况的晴雨表，在这些特殊时期也经历着不同程度的考验。想要肌肤一帆风顺或是尽快转危为安，其实并不难，快来看看特殊时期的保养心经吧。

01 初老期扫除魔“皱”大法

魔“皱”一：干燥

肤龄锁定：20—25岁

魔皱成因：20来岁的MM，皱纹和衰老痕迹并不明显。但随年龄渐长，身体逐渐干燥。进入秋季，这种现象会更显著，为干燥引发的肌肤老化埋下伏笔。

奋斗目标：肌肤明亮光泽，有弹性，摸起来柔滑细腻，几乎没有干燥的烦恼。

抗干法则：

a. 选准沐浴液：含有超强滋润成分的沐浴液，绝对是在秋冬季节的必备品。

b. 定期去角质：无论在家或到专业美容机构，一周一次脸部及身体去角质护理，绝对不可少。

c. 浴后马上涂抹身体乳：沐浴后在身体还未干前，马上涂抹滋润乳。标注有“适合干性或极干性肌肤”字样的产品对极干燥肌肤更是首选。

d. 专业美肤不能少：季节换，产品换，你的专业美肤疗程也要有所更替，防止肌肤干裂粗糙的护理疗程是首选。

e. 水温不宜过高：无论洗脸或者沐浴，过热的水都只会令皮肤变得更加干燥、绷紧。

魔“皱”二：细纹

肤龄锁定：25—35岁

魔皱成因：进入熟龄阶段，细胞代谢减缓，老废角质不能顺利排出，肌肤正常呼吸受阻。你已步入重要的肌肤呵护时期，稍有怠慢褶皱就会在身体“安营扎寨”，提醒你衰老到来。

奋斗目标：平整紧实，毫不粗糙，如鸡蛋般光滑的肌肤是为最佳。

灭皱法则：

a. 对抗干纹，让肌肤像蛋白般水嫩：秋冬季节，若要长时间待在封闭房里，又没喝水的好习惯，你的肌肤将严重缺水。无论多重要的派对，你的美妆最好都先停用，因为越涂彩妆肌肤越干，粉统统浮在脸上了。

喷雾——让肌肤喘口气：随身携带补水喷雾，令精神振奋，补充皮肤水分。选择矿泉喷雾，别忘用纸巾轻轻吸干，减少皮肤水分流失；选择营养保湿水，喷后拍打肌肤即可。

面/体膜：抽午间上美容会所敷一张补水面膜，小憩同时，水分悄悄被送进肌肤深层，也可自己在家完成这个步骤。

b. 对抗表情纹，要生动面容不要衰老：如果你喜欢皱眉头，那么不出30天，额头上便会冒出细纹。这是由于脸部肌肤的厚薄不同，对于表情的承受能力也不一样，嘴角、眼角是比较容易冒出细纹的地方。

清除表情纹的方法有两类，一种就是使用除皱的护肤品，让肌肤最外层的细胞脱落，让皱纹看起来浅一些。采用胜肽技术的护肤品最被推崇，它们可以干扰神经传导，阻断来自神经的讯息，促使脸部肌肉呈现放松的状态，达到平抚表情纹的效果。另外一种就是采取医学护肤的手段，比如注射胶原蛋白、肉毒杆菌、皮肤磨削术、拉皮除皱术等。

超强修复大法

a. 内服+外用保养：保养的重点，就是内服+外用保养。养成良好生活作息，摒除导致老化的不良因子，就可大大延缓肌肤的老化速度。

b. 密集保养：

日间抗老：皮肤95%的皱纹、色斑和松弛是由紫外线辐射造成的，因此防晒、抗老成为熟龄肌肤日间保养的重点，阴天、冬季同样不可忽略。

夜间抗老：选用温和保湿的产品仔细卸妆，进行脸部清洁，保证后续的护肤品营养能充分吸收进去。然后再使用促进肌肤新陈代谢、还原色素沉淀的晚霜，加上高效抗氧化的精华液，以相应的涂抹手法，来提升脸部线条，帮助产品吸收，然后就可以去睡美容觉了。

c. 按摩急救：

Step1：用双手的食指、中指和无名指分别从脸颊两侧向太阳穴上方提拉肌肤，你会有脸部皮肤被拉紧的感觉，要记住动作是斜向轻拉。

Step2：使用类似弹吉他式的轮指法，依次运用食指—中指—无名指—小指以向上提拉的方式按摩脸颊肌肤。

Step3：用左右“剪刀手”贴着下颌边缘，以下巴尖为原始点，向耳垂下方的淋巴处“剪”上去，可改善松弛，强化脸部线条的轮廓。

02 准新娘完美护肤大决战

决战12周

以前准新娘大多是到婚前一周才开始密集调理，但现在都会把保养期提前至2个月，才不会有“临时抱佛脚”的恐慌，这3个月里其实和你平常保养没有太大差异，就是要特别注意清洁与基本保养，不可以再有不保养或是忘记卸妆就睡着的情况发生。平常没擦眼霜的人这时候可以考虑开始使用眼霜帮助消除细纹与黑眼圈。

脸部保养重点：每周去角质2次，基础卸妆清洁保湿不可少，注意防晒和美白，开始用眼霜，每周做一次唇膜让你拥有水嫩嘟嘟嘴。如果要做任何整形手术务必在这时间立刻进行，预留2—3个月的恢复期。

决战4周

虽然婚礼当天会有专业造型师帮你打点一切，但是没有良好的肤质，粉涂再厚也只会让你显得老气，而且很容易脱妆。所以从婚礼的前一个月开始就要紧锣密鼓地调理肤质，尤其焕肤及抗皱紧致类的保养品，需要一定时间才能够发挥明显功效，千万不能等到最后一刻才使用。

脸部保养重点：除了美白保湿之外，更要加强抗皱紧致，才能让肌肤白皙紧实饱满；觉得皮肤状况不够理想的可以尝试焕肤，建议用较温和的杏仁酸取代果酸，并且一定要注意防晒。

决战10天

经过两个半月的调理，相信肌肤已经处在非常健康的状态，这时候就要正式进入新娘肌的魔鬼训练营，就像期末考前的冲刺周一样，把所有最好最精华的成分一次补足，安瓶（浓缩精华）和密集修护疗程是很多人的选择，它可以在短时间之内让肌肤状况从A变成A+。特别要注意的是任何侵入性美容，像挤粉刺、镭射等，进入10天倒数后就不可以再碰，以免到时候美容不成反变花脸。

脸部保养重点：每周一次深层清洁泥膜把底层脏东西清理干净、每天一片保湿面膜让肌肤维持在喝饱状态，开始使用密集修护疗程或安瓶，拒绝侵入性的美容疗程，避免在这时候更换保养品造成肌肤不适。

婚前保养Tips：

1. 避免使用刺激性的保养品，预防红肿等现象。
2. 加强保湿，多选择补水效果好的护肤品，滋润肌肤。
3. 如果脸上有暗疮，尽量不做按摩。
4. 干性肌肤可以选择每天睡前做个简单的水疗膜，第二天起来就能看到肌肤的水润度。
5. 选择专业、正规的美容机构做婚前美肤护理，并选择适合自己肤质的护理项目。

03 准妈妈孕期护肤要细心

不少准妈妈怀孕后都不敢再用平时的护肤品，觉得这些化学用品对宝宝会有伤害。可是孕妇的肌肤又特别敏感，不能不做些护理，否则很容易冒痘长斑。那么，孕妈妈该如何选择自己的护肤用品，又该如何在不影响胎儿的情况下呵护肌肤呢？

准妈妈用什么

用什么护肤品才能有效又安全？孕妈妈们之所以会有这样的疑问，无非是担心成人护肤品里的化学成分有可能危害到宝宝。但是，无论化学成分还是植物成分，没有绝对的危险和安全之分。比如100%纯天然的植物精油，却是孕期和哺乳期的大忌，而天然概念的品牌，也并不一定就完全温和，因为可能要添加稳定剂、防腐剂等来保证相关成分的稳定和新鲜。

有些妈妈则认为，不如改用婴幼儿润肤品吧，那样总是最安全的选择了吧。的确，婴幼儿护肤品性质温和，准妈妈用来润肤是没有问题的，但是它们毕竟是根据婴孩的皮肤设计的，并不能满足成人紧致和深度补水等其他需求。所以，我更建议准妈妈选择安全温和的孕妇专用护肤品牌，如果想要延续以往的护肤品时也要留意有没有孕妇禁用成分。总的来说只要注意以下几个禁忌事项就可以。

准妈妈的护肤禁忌

a. 尽量别用含有A酸、A醇成分的护肤品，如果成分表里有Vitamin A Acid、

Retinyl Palmltate、Adapalene字样，就代表其含有A酸或A醇。

b. 绝对禁止使用精油。

c. 少用唇膏（口红），不过润唇膏还是可以的。

d. 桑拿、涂指甲油、染发烫发都要禁止。

容易发生的面子问题

问题1 俏脸油汪汪

肌肤状况： 有的准妈妈的脸上看起来总是油汪汪的，手一摸黏黏的，很不舒服。很多准妈妈都有面部油脂分泌旺盛的问题，皮肤变得格外油腻，尤其是T区更为显著。

分析问题： 有一部分准妈妈的肤质会发生变化。干性肌肤会变油，油性肌肤会变得更油，总之，肌肤出油量会突然飙升，有的还会长痘痘。这是因为怀孕后，皮下脂肪大幅增厚，汗腺和皮肤油脂腺分泌增加所导致，属于正常现象，不必惊慌。

解决问题：

a. 温和洁面。有些妈妈觉得脸油就会刻意多洗脸，但这样只会让脸越洗越油，在中午的时候多洗一次就足够了，而且不要用清洁能力太强的洗面奶。

b. 蔬果美颜。准妈妈平时要多喝水，多吃一些含优质动物蛋白和维生素A、维生素B、维生素B_2、维生素C等的食物；蔬菜、水果可使你的皮肤颜色更加漂亮，也应该多吃一点。

c. 给肌肤喝饱水。肌肤油腻其实也意味着缺水，这个时候补水就显得非常重要，洗完脸，准妈妈可以多拍几层爽肤水。让肌肤喝饱水后，再涂一层保湿乳液锁水就可以了。

问题2 碍眼的斑斑点点

肌肤状况： 有不少准妈妈本来白皙的脸，在怀孕后不但肤色变黑了，两颊还长了不少的斑点，看起来可真碍眼。而之前本就有的雀斑此刻看起来颜色竟然变深了不少。

分析问题： 怀孕后不仅肤质会发生变化，绝大多数准妈妈肤色也会加深，甚至还会长出妊娠斑。这是由于雌激素和孕激素刺激了垂体黑促素的分泌，属于正常现象，妊娠结束后，等上一段时间，会自行恢复平衡，但如果不加强保养，有的斑点会去除不掉。

解决问题：

a. 做好防晒。怀孕期间会因为激素分泌的变化刺激黑色素，加之准妈妈皮肤变敏感，令皮肤的紫外线沉着而加重色斑，在颊部、前额和下巴处成为“妊娠记录”。有一部分虽然会在孕期结束后自行消退，但是，如果不进行防晒和修护的话，这个“记录”就会在紫外线的刺激下变成永久的“记忆”而无法消失。所以，也可以说防晒是怀孕期间除了补水之外最重要的护肤功课。

对于准妈妈来说，宁可选择SPF30以内的防晒用品，也不要贪图省事选择SPF30以上的高倍防晒用品。高倍防晒对怀孕期间油脂分泌旺盛的皮肤来说，可能造成负担，低倍防晒虽然补涂麻烦点，但肌肤负担较小。

b. 猕猴桃可美白。猕猴桃之所以能够起到美白、去斑的作用，原因就是其中的维生素C能有效抑制皮肤内多巴醌的氧化作用，使皮肤中深色氧化型色素转化为还原型浅色素，干扰黑色素的形成，预防色素沉淀，从而保持皮肤白皙。因此，爱美的准妈妈可适量多吃些猕猴桃。这样就不用担心怀孕后自己白皙的脸庞被黄褐斑“入侵”了。

孕期护理Q&A

Q：怀孕前护肤应注意什么？

A：孕前一个月须停用含维A酸（易导致宝宝先天缺陷）的护肤品，特别是带美白、去斑功效的，可能维A酸含量较高。同时要适当补充富含维生素C、维生素B_6、烟酰胺的食品。

Q：为什么有的人怀孕后皮肤更加润泽、细腻，而有的人却容易出现面疮、粉刺？

A：孕期受孕激素水平变化的影响，不同体质的人对激素的反应也不同，怀孕会使皮肤油脂分泌减少，原来油脂分泌旺盛的皮肤大多会变得细腻柔软；而有些原来中性、干性皮肤的准妈妈会出现皮肤干燥、脱皮、角质严重现象，导致毛孔阻塞、面色暗淡。

Q：怀孕后，皮肤粗糙，面疮、粉刺严重，怎么办？

A：首先要保持脸部的清洁，但要少用碱性大的清洁品；不要频繁更换护肤品，以免皮肤不适应；注意充分休息和适当营养。一般怀孕5个月以后面疮的情况会好转。

Q：为什么怀孕后脸变得红红的，还看得见细细的红血丝？

A：这就是俗称的蜘蛛斑。它是由于怀孕期间血管敏感，热了易扩张，冷了又收缩得很快，毛细血管被破坏而造成的。平时应注意避免对脸部过冷或过热的刺激，并用一些镇定肌肤的护肤品，例如檀香精油等。

Q：遭遇了孕期的头号敌人——妊娠斑，该如何应对？

A：妊娠斑，又叫蝴蝶斑，是由于孕激素、雌激素的分泌增加，引起色素沉着，或脑垂体前叶分泌的黑色素细胞刺激素较多引起的，一般出现于鼻翼和两颊，这是正常的生理反应，平时化个淡妆稍稍修饰一下就可以了。孕期要注意避免长时间阳光照射，不吃辛辣刺激物及动物脂肪，少用彩妆，保持轻松、愉快、平静的心态，睡眠要充足，生活有规律。一般分娩后半年左右蝴蝶斑就会消退，若长时间不退，可以去美容院做去斑美容护理。

Q：怀孕以后总是眼睛肿肿的，一脸倦容，怎样可以恢复神采？

A：怀孕的确是件辛苦的事，由于循环负荷加重，容易引起浮肿现象，将两块湿海绵冷冻20分钟，轻轻搭在眼睛上，可以迅速消除肿眼泡。此外，具有润滑作用的滴眼液对疲惫的眼睛也是一种良好的活力剂，不过应同时补充大量的水分，因为在脱水状态下，滴眼液没什么作用。

Q：怎样防止难看的妊娠纹？

A：减少或消除妊娠纹是孕期护理的重点之一。为减少妊娠纹，怀孕前应注意适当锻炼，增加腹部肌肉和皮肤的弹性。怀孕后，注意适当控制体重增加的速度。孕期最后一个月，可用芳香精油自配按摩油预防妊娠纹：乳香2滴、玫瑰1滴、甜杏仁油10ml，打开VE胶囊一粒，和匀即可。

Q：怀孕以后，还能经常去美容院做护理吗？

A：可以！这是一个简单方便的让自己成为靓丽准妈妈的好主意。这时期的美容护理应以清洁、放松为主，电棒导入要放弃，足部反射疗法和点压式按摩应予取消，而且应避免刺激脸部穴位，可用舒缓按摩方式。另外，要特别注意，去做美容护理前，最好和美容师打好招呼，不要在美容院中用精油熏香。

04 生理期正确护肤，永远美美的

女性生理周期分为月经期、卵泡期和黄体期三个阶段。在每月的循环中，肌肤也会随之发生微妙变化，分期对肌肤进行护理，可以达到意想不到的效果。

月经期干燥肌肤补水为先

时间：月经来的第一天到最后一天。

体内变化：体内荷尔蒙分泌量急速下降，体温也有所降低，血液中的雌激素和孕激素逐渐降至最低水平。

护肤要点：肌肤保湿和去黑眼圈。由于月经期间血液的流失容易造成身体的生理疲惫和虚弱，黑眼圈往往非常明显。同时，体温的降低，往往导致新陈代谢能力减弱，体内垃圾无法及时排出，肤色也会变得暗淡、缺少光泽。所以这一时期主要还是在于“养”。

a. 补水保湿。月经期间，在早晚洁面后可以用保湿水喷洒肌肤，30秒后用纸巾吸干，然后再使用有补水保湿作用的日霜。也可用保湿面膜改善肌肤的暗淡缺水，建议在临睡前一小时敷面膜，敷完后轻轻拍打，让脸部吸收，月经期间可以使用两次面膜。

b. 去黑眼圈。对于月经期间由于失血过多引起的黑眼圈，在涂抹眼霜以后，可以用划画圈的形式，对眼部进行按摩，减少黑眼圈。

卵泡期密集保养好时机

时间： 月经开始后第5—14天，时间大约持续10天左右。

体内变化： 荷尔蒙分泌旺盛，血液中的雌激素水平逐渐回升，身体新陈代谢旺盛。

护肤要点： 滋润、密集保养。卵泡期是肌肤状态最好的时期。这个阶段，体内的荷尔蒙分泌增加，血液中的雌激素、孕激素含量也稳步回升，肌肤新陈代谢平衡稳定，皮肤血液饱满，呈现出细致光滑、白皙红润的状态。这个时候皮肤也属于比较“健壮”的时候，密集保养会事半功倍。

a. 滋润修复。卵泡期新陈代谢旺盛，肌肤的吸收能力异常强大，是滋养肌肤的最好时机。洁面后用营养保湿水拍打肌肤，然后涂上营养面霜。

b. 去斑。这个时期也是对付脸上斑点的大好时期，可以使用晒后修复产品和去斑产品进行补救。

c. 高浓度美容产品。由于这个时期肌肤非常健康，抵抗能力也非常好，所以，一些对皮肤有刺激性的高浓度美容产品都可以在这个时候用。

黄体期彻底清洁，避开“油痘”

时间： 月经开始后第15天算起，大约持续14天左右。

体内变化： 雌性荷尔蒙分泌减少，雄性荷尔蒙分泌增加；同时，雌激素的水平下降，孕激素的水平不断升高。在排卵后产生的黄体素的作用下，容易内分泌失调。

护肤要点： 彻底清洁、控油、去痘，这一时期雄性荷尔蒙占主导地位，肌肤处于最危险的时期。在雄性荷尔蒙的作用下，肌肤油脂分泌旺盛，毛孔粗大，此外，孕激素水平的升高，使肌肤角质不断增厚，痘痘、粉刺都可能集中爆发。

a. 彻底清洁。黄体期的油脂分泌旺盛，在受外界环境污染后，容易阻塞毛孔。为保证皮肤正常工作，每天早晚两次彻底洁肤，然后拍上保湿水。

b. 控油。在容易产生油脂的部位进行针对性控油。使用控油啫喱或控油液，按摩后用清水冲洗。

护理禁忌：有人说黄体期爱出油，就勤做去角质，这个观点绝对是错误的。而且，也要特别说明一下，从排卵日到经期期间切忌去角质和猛力擦洗。

因为在女性的皮肤周期中，经期前的黄体期最容易出状况。处于黄体期时，女性体内分泌的孕酮会起到和雄性激素极其相似的作用，即造成皮肤油脂分泌量增多，所以这段时期特别容易长粉刺，而且毛孔也会扩张。此外，角质层也会增厚，所以会感觉到脸上的肌肤硬邦邦的。于是，就有人提出在经期前的黄体期进行去角质护理。他们所依据的理由是：皮肤的角质层增厚了，所以不易受刺激。

从理论上来讲，确实如此。可是排卵后身体状况常常会恶化，此时皮肤的抵抗力也会下降，所以千万不能掉以轻心。

处于黄体期时，不但皮肤的抵抗力会下降，还容易感冒。所以说，黄体期是人体抵抗力全面下降的一个时期。在这种非常时期进行刺激性强的去角质护理的话，抵抗力低下的皮肤很容易受到细菌的侵袭。在黄体期，不仅不应该进行去角质护理，而且最好不要使用新的化妆品，以免对皮肤造成刺激。

05 预防“桃花脸”，抗敏4高招

雾霾、风沙、花粉、室内外温差，都容易引发皮肤敏感问题。而无论你是零敏肌、轻微敏感肌肤，还是严重敏感肌肤，在敏感高发期都应小心保养，有针对性地使用护肤产品。

零敏肌：重点加强抵抗力

拥有零敏肌的MM很少会因为花粉、紫外线等原因产生敏感，但不要因为这样就减少对肌肤的保养。零敏肌在春天应该要注重加强肌肤的抵抗力，定期地去角质、磨砂等护肤程序更是必不可少。而美白也是春天的护肤重点之一，如果没有敏感问题，可以按照自己的需求选择一些去黄美白的产品。例如对于脸部肌肤，可以使用含有芦荟等抗敏修复成分的护肤品，让本来就健康的肌肤更强健，也利于对其他护肤品的吸收。

轻微敏感：天然成分是最佳对策

不少MM都有过春季肌肤轻微敏感的问题，这些现象其实是在肌肤失去平衡后自我调节的过程中引发的。无论接触哪一种敏感原，皮肤过敏最普遍和明显的症状就是红肿和瘙痒，而蕴含天然成分的护肤品就是对抗轻微敏感的最佳对策。

日间上班的时候，可以尝试使用芦荟平衡保湿喷雾等产品进行保湿，让肌肤不再缺水，防止过敏情况加重。正处于过敏状况的皮肤，压力会比平常大，所以在晚间正常护理皮肤后，可使用面膜，利用面膜的张力及成分，令皮肤的压力减小，缓解过敏情况。

严重敏感：减少负担最重要

与轻微敏感的红血丝和瘙痒症状相比，严重敏感的皮肤还可能出现可怕的痘痘，这些症状就不单单是肌肤自我调节所带来的，还有可能牵扯到机体的问题。因此，如果遇上严重敏感的情况，不宜使用过多的化妆品进行掩盖或者用护肤品进行涂抹，简单地清洁肌肤，并使用简单功效的产品，尽量为肌肤减少负担才更为重要。

首先在清洁方面，不妨坚持冷水洗脸，主要目的是增强皮肤的抵抗力，从根本上杜绝敏感。

其次，尽量不化浓妆，在皮肤过敏发生后，应该立即停止使用化妆品，对皮肤进行观察和保养。

另外，使用成分更加天然、补水功能更显著的护肤品，尽快调节肌肤的失衡状态。还需提醒的是，这段时间使用的护肤品应该尽量保持同一系列，并且多用保湿喷雾或以保湿水敷脸，深层补水的同时也为肌肤减压。敏感问题如果不见好转，必要时最好咨询医生，防止问题加重。

抗敏4妙招

抗敏妙招一：精油抗敏

精油的妙处可谓是数不胜数，不过抗敏类非洋甘菊莫属。因其含有蓝油烃油，可快速医治过敏症状，消除红肿痒痛，而且洋甘菊还有保湿的作用哦。而熏衣草则可舒缓镇定，消炎止痛；橙花可平衡人体的荷尔蒙分泌，消除皮肤的紧张感。

抗敏妙招二：白茯苓抗敏

白茯苓粉熬粥食用，具有美白抗敏的作用。白茯苓属于中草药类，其药性温和，不会刺激肌肤。与具有抗敏和消炎作用的黄芩粉混合，调水敷面能起到美白抗敏的功效。

抗敏妙招三：以内养外

在选择食物的时候，避免吃海鲜、油炸食品、烟、酒等刺激性食物，尽量选择清淡、新鲜的食物；作息上，避免熬夜，让肌肤在晚上的“黄金时间”进行自我修护。

抗敏妙招四：小细节不可漏

在选择护肤类产品时一定要看产品成分，尽量选择不含香料的纯天然植物成分类的护肤品。除此外要避免酒精或碱性类的清洁品，敏感肌比较脆弱，酒精类的刺激很容易引起肌肤过敏反应。当然还有护肤品不要更换太过频繁，否则易造成肌肤不适应，引起肌肤出现过敏反应。

06 肌肤断食法，肌肤也要喘口气

“肌断食”是一个日本护肤专家发明的名词。大意是，皮肤状态不佳时，盲目地搽太多护肤品不但徒劳无功，还可能造成负担。在这个特殊时期“饿”皮肤一下，减少护肤品的用量，让皮肤得到适当的休息，归零后再启动，对护肤品的吸收会更加顺畅。特别值得提醒的是，肌断食护肤法是要减少护肤品的使用，而不是什么都不搽。

理由1：肌肤不依赖，养成自愈力

肌肤原本就有自我修复力，并非一定要靠护肤品才能正常运作。长期依赖过多的精致护肤品，肌肤的调适能力会变差，一旦遇到身体、环境、温度等内因外因的变化，非常容易出状况。保养品适时减量，反而能刺激肌肤运作，令肌肤状态更加稳定。

理由2：了解自己的真正肤质

其实很多人并不清楚自己的肤质，不知道究竟该补水还是抑油，很大程度上是因为使用的护肤品“从中捣乱”。给肌肤“断食”等于减少了外界的干扰，让肌肤恢复原本状态，更容易观察到肌肤真正的需求。

理由3：护肤品吸收更好

过多的保养成分就像太过精致的美食，长久下来会惯坏胃口，耗弱吸收力。如果你总觉得护肤品用起来没什么效果，不见得是搽得太少，极有可能是用得太多。适时帮肌肤“清清肠胃”，护肤品的吸收反而会更好，会提高护肤的效率，让护肤品更大地发挥作用。

抓住断食最佳时机

轻度失衡：水油不平衡，皮肤很干燥，却还会出油、长痘痘；敏感、泛红、粗糙，不敢轻易换用护肤品，现有护肤品又没什么作用，但还没有严重到去皮肤科就诊。

某些特殊时期：生理期开始前、换季时、旅行过后——即使是最悠闲的海岛度假，肌肤仍有可能因为日晒、时差而变差，更别说是出差或血拼行程。借着断食保养法，让肌肤有机会重新出发，调整回最佳状态。

断食疗程

第一天，彻底断食　只用清水洗脸，其他化妆品都不用。

第二天，补水　继续维持肌肤断食状态，需要注意的是，刚刚开始断食状态的皮肤很有可能出现水油不平衡的状态，并分泌油脂阻塞毛孔，所以虽然号称断食，但是补水不能忽视，洁面之后仍然需要仔细轻拍化妆水，并且增加使用次数，或使用保湿喷雾。

第三天，去角质　肌肤富营养主要原因除了肌肤本身已经囤积过多养分之外，还有十分重要的一点就是肌肤的给养通路被阻塞，应该去角质。基本上任何肤质都需要定时定量地去除老化角质。

第四天，注重补水　去除角质之后则需要在补水上下功夫了。要知道水润状态的肌肤是最有利于保养品的分子扩散和吸收的，就好像在湿海绵上滴墨水要比在干海绵上滴墨水扩散得更快、范围更大一样。所以，可以在睡前用压缩干面膜浸透化妆水轻敷在T区、两颊、下颚等主要部位，为皮肤做一次彻底的补水。

第五天，养分再拿来　经过断食、去角质和补水之后，肌肤已经呈现出轻松舒畅的状态了，这个时候需要一些帮助养分运输到肌肤底层的良好载体，小分子肌底液可以大大地提升护肤品的功效。

第六天，加入按摩　其实肌肤富营养状态的表象下是虚弱的本质，所以应使用正确的按摩手法提高皮肤的健康素质。方法其实很简单，用中指、食指指腹从嘴角向耳朵方向轻按，然后从鼻翼两侧经过颧骨下方至耳朵前方点按，手不放开然后经耳垂沿颈部向下推至锁骨和腋下，最后用食指、中指、无名指指腹从额头中央向两侧拉升，在太阳穴轻按结束，以上步骤均重复3次。

第七天，回到正常　相信肌肤已经从积食状态转身成为神清气爽的健康轻松状态，从第七天开始就可以正常进行日常肌肤保养了，你会惊喜地发现，只是重复日常步骤和同样的产品，吸收效果却大大提高。

TIPS

1．“肌断食”必须在湿度佳的地方进行，并避免紫外线。在干燥环境，任何肤质都会呈干燥状态，所以最好不要在有空调的地方进行肌肤断食。此外，肌肤断食时皮肤没有任何防备措施，一定要避免紫外线照射。

2．第一次“肌断食”尽量安排在生理期后。因为肌肤状况会随生理周期变化，从排卵到生理期，肌肤易受荷尔蒙影响而产生状况，所以建议第一次肌肤“肌断食”最好安排在生理期后，以检测出正确的肌肤类型。

CHAPTER 7

四季护肤，区别对待

春夏秋冬，大自然的万物都随着四季的变化而变更。人的皮肤同样也随着四季的周而复始发生微妙的变化。在季节交替的日子里，肌肤很容易出状况：皮肤粗糙、出油失控、肤色暗淡、松弛疲惫。这和肌肤内部的变化有着密不可分的关系。不要轻视肌肤内环境的变化，更不要让美丽随着季节的变换悄悄流逝。

01 春季补水、防过敏

春季肌肤特点

春天，身体机能活跃，新陈代谢加速，皮肤油脂分泌开始旺盛；不断吹拂的春风带走空气中的水分，使肌肤变得干燥；虽然阳光不强烈，但日照时间开始变长，阳光中紫外线将会很强烈。春天是皮肤最易过敏的季节，逐渐变强的紫外线、忽高忽低的气温，外加花粉飞扬都容易引起皮肤过敏，出现发红、发痒、起小红疹子或发痘痘等一系列过敏现象。这时护肤品也应该随着换季而更换，如果更换不当，很容易引起皮肤敏感。如果本来就是敏感肌，就更要注意春天的皮肤保养。

春季护理重点

保湿加防晒是本季的护理重点

春天阳光中的紫外线越来越强烈，空气中的湿度还不够，春风使空气变得干燥，肌肤会缺水。这时要在继续使用保湿品的同时加强隔离霜和防晒霜的保护。其实一年四季都应该使用防晒产品，如果冬季没有用防晒霜的习惯，那么春天开始一定要用了。平时可以随身携带一罐矿泉喷雾，舒缓干燥现象，但用后一定要吸干残留在皮肤表面的水分，否则会使肌肤更加干燥。

防敏不可少

春季绝对是肌肤的易敏季节。无论是紫外线、变化的温度的刺激还是对花粉的敏感，皮肤一旦产生轻微过敏现象时，一定要停用所有化妆品，让皮肤有喘气的时间，保证肌肤湿润，然后做好必要的防护就可以了。一般几天内症状会消失或缓解，如果持续敏感的话就要到医院就诊了。

不用油脂过厚的产品

气候和环境的变化会使春天的肌肤发生很大的变化，皮肤血管和毛孔受到气温影响，开始扩张，皮肤油脂分泌也旺盛起来，如果这时还是用冬天油脂较厚的保养品，很容易让皮肤变得油光锃亮，又容易阻塞毛孔，导致皮肤吸收不了长出小疙瘩，引起粉刺和痘痘，毛孔粗大。春天一般用油脂含量低的乳霜或乳液就可以了，减少额外的油脂同时又可为皮肤提供足够的营养和水分。如维生素、柠檬素、奶液等以营养为主的护肤品。这样，既不影响皮肤的正常排泄，又能给皮肤提供营养。

不要用疗效较强的护肤品

疗效强的产品，一般有帮助老化角质快速脱落的作用，而失去角质保护的肌肤，很容易受到强风、阳光的伤害。实际上春天应该使用不给皮肤增加负担的非疗效性基础保养品，确保肌肤的安全和健康。甚至洗脸都应该使用非皂性的洗面品，不要使用界面活性剂高的洁面品或皂性洗面品。

深度清洁，轻度去角质

春天的空气中充满着看不见的花粉，而这些正是引起皮肤过敏的一大原因。因此，春天洗脸时要更加仔细，注意深度清洁。洗脸时可选用刺激性较小及香料含量少的洁面产品，并用清水彻底清洗。洗脸后可使用有杀菌作用的酸性而不油腻的护肤品。此外，常沐浴对皮肤的保养也十分有效，入浴时，要好好清洗膝盖与肘部等关节部位皮肤，浴后按摩脸及四肢，可令皮肤饱满，关节灵活。

整个冬天，身体的新陈代谢会放慢，肌肤表面的老化角质不易脱落，贴在皮肤表面，使皮肤没有光泽，适度使取温和轻量的磨砂对恢复皮肤的光滑柔细很有好处。这个季节，少量的磨砂或去死皮是必要的，但要注意的是，要使用非常温和的细粒磨砂膏，磨砂后紧接着敷上保湿面膜，补充肌肤中的水分。

易过敏的季节不能过度去角质，角质层能防止皮肤水分的流失，避免皮肤直接受外界环境的影响。失去了角质层的保护，皮肤就更容易过敏干燥。磨砂产品、深层清洁产品等去角质产品都要适可而止。如果是油性和混合性肌肤的话，一周一次也就够了。同时保湿面膜也不可少。

不同肤质的护肤攻略

干性肌肤的护肤攻略

干性肌肤在过去的整个冬天可能都在和干燥起皮做抗争，终于春天到了，空气里好歹有了水分子的气息，这时我们终于可以稍缓一口气，腾点时间来去去角质了。在去角质的基础上，干性肌肤此时还应该多使用抗老化及补水保湿的护肤品，主要是富含玻尿酸和胶原蛋白的。

油性肌肤的护肤攻略

油性肌肤在春天应该在皮肤的清洁上做足功夫，深层清洁洗面奶、去角质、美白面膜统统都不要落下。因为春天花粉、灰尘、杨柳絮悬浮在空气之中，很容易被面部油脂挟裹着附于面部，导致毛孔阻塞，引起一系列皮肤问题。

中性肌肤的护肤攻略

春季正是生长的季节，中性肌肤的MM在冬春换季之时，可以稍微勤奋地增加1—2次去角质的频率，再配以富含胶原蛋白的护肤品，这样能及早脱去冬日长期蒙上的暗黄面纱，帮助肌肤健康再生。洗护上使用温和型的护肤系列，并注意保湿补水即可。

敏感性肌肤的护肤攻略

春天是敏感性肌肤的MM最痛恨也最头疼的季节了，一定要很小心，注意面部防护。一般的洁面产品容易带走水分和油分。最好选用轻柔、保湿的洁面液清洁面部。特别敏感的皮肤可能对硬水也会产生反应，不妨使用含有舒缓因子的矿泉水喷雾来清洁面部。另外，还要更多地喝水，并且在这个季节最好不要做去角质。

混合性肌肤的护肤攻略

混合肤质护肤看上去麻烦，实际上不难，主要就是一句话，区别对待。春天时，混合肤质U区可以做一些局部去角质，T区则应该多多补水，不管是清洁还是护理，都应该使用双重标准。

02 夏季美白、防晒

夏季肌肤特点

夏季，烈日炎炎，毛孔扩张，皮肤血液加快，面部皮肤易充血；由于日光暴晒，皮肤容易受伤，会产生雀斑和色斑，或使斑点更加明显；同时由于夏季汗孔容易阻塞，易发生痱子、夏季皮炎等皮肤损害，所以应该十分注意皮肤防护！

夏季肌肤护理重点

防晒是重中之重

为防止日光对皮肤的损害，外出要涂防晒霜，戴遮阳帽。由于光照十分充足，紫外线等射线对人体的辐射也随之增加，使皮肤颗粒层中黑色素小体分泌旺盛，黑色素细胞生成的速度加快，造成色素沉着，所以女士们要特别注意防止过多日晒，尤其是有色斑的女士。

另外，女士们在夏季做完皮肤护理后，由于用了脱屑产品，会使皮肤变薄，相应的抵抗力会比平时弱，更要注意不要在阳光下工作或暴晒。还有一点，夏季可以给皮肤补充水分，但全套护理则不要做得太勤。

每日需进行至少2次的皮肤清洁

可选用适合自己的洗面奶洁肤，洗后用乳液或滋润霜补充失去的水分和油脂，为了更好地保持皮肤清洁，每周可进行一次皮肤的按摩或用一次深层面膜。

化妆时间不宜过长

化妆3—6小时应及时卸妆，宜化清爽淡妆，在空调室内少用粉质的化妆品，临睡前必须清洁皮肤，以利于晚间皮肤呼吸。

夏季护肤注意事项

清洁

炎热的夏季令油脂分泌更加旺盛，过多的油脂、汗液易与空气中的灰尘脏物融合而阻塞毛孔，这也是皮肤夏季产生各种不良问题的“罪魁祸首”之一。传统的护肤观念普遍对清洁的常规步骤不重视，经常使用碱性过大或清洁力过强、不适合夏季皮肤特点的清洁类产品，这样不但不能良性地彻底洁净皮肤，还会损伤皮肤油脂膜。所以夏季恰如其分地清洁是护肤的重要前提，而且比其他季节显得尤为重要。

调理

调理水俗称爽肤水或化妆水等，在一年四季的护肤中十分重要，而在夏季我们要顺应此季节的皮肤生理状况，选用侧重于平衡、补水、收敛、抑菌功能的清爽型花草露或醒肤水。

美白

夏季的环境特点令肌肤易变黄晒黑，更易造成色素沉着，色斑加重，水分容易流失。很多MM会急于美白，之前的章节中说过，很多美白产品的成分并不适合在白天、夏季使用。

那真的就只能在夏季忍受变黑吗?

其实同时具美白效果、充足水分、营养适中、少油分的轻质透气天然纯植物配方产品，是可以在夏季使用的。

防晒

防晒是夏季预防肌肤晒黑、晒伤、色素沉着、色斑加重和光老化的途径之一，具全面防护且清爽透气的植物型防晒产品，是最佳的选择。

抗氧化修复

除使用具有抗氧化功能的基础护肤品外，定期使用具抗氧化和修复功能的面贴也是很好的保养方法，过程简单易操作，特别是日晒后马上进行，肌肤能获得即时的改善效果。

不同肤质的护肤攻略

干性肌肤的护肤攻略

干性肌肤人群在夏季依然会出现让人头疼的脸部起皮、干涩等症状，此时选择一款霜状的防晒用品就很有必要。另外，干性皮肤的人群还应注意夏季里的补水，长时间的缺水会导致皮肤变黄、变涩。因此，在选择防晒品的时候，最好能够选择一款带有补水功能的防晒霜。

油性肌肤的护肤攻略

在防晒时应选用水剂型、无油配方的防晒霜，千万不要使用防晒油，物理性防晒类的产品慎用。如果容易长痘痘，当痘痘出现发炎现象时就要暂停使用防晒霜，转而采用遮挡的物理方法防晒。控油是重点，如同上文所说，控油时不能忘记补水，需维持肌肤水油平衡，并且可以使用散粉来去除面部浮油。

中性肌肤的护肤攻略

中性肌肤由于皮肤细腻白皙，晒出斑点会特别明显。夏季里，中性肤质的MM应当选用乳液状的防晒产品，并且养成日常使用粉底的习惯，最重要的是，晚上一定要用卸妆产品来进行彻底的清洁和保护。

敏感性肌肤的护肤攻略

为了安全起见，应当选择专业针对敏感性肤质的防晒品。最好的办法是在购买之前，先在自己的手腕内侧试用一下。10分钟内如果出现皮肤红、肿、痛、痒等现象，说明自己对这种产品有过敏反应，可以试用比此防晒指数低一些倍数的产品。

混合性肌肤的护肤攻略

夏天出油多，用些皂性洁面产品，着重在T区部位轻轻按摩、冲洗。使用乳液型的防晒产品，避免在T区过度涂抹。

03 秋季修护、保温

秋季肌肤特点

金色的秋天，是大自然的收获季节，也是皮肤病的多发季节。炎热的夏季过后，皮肤弹力衰退，皮肤抵抗力到了最弱的时期。而夏季的酷热天气，常常给面部留下黑斑、色素沉着等痕迹，再经秋风一吹，皮肤更易暗黑、粗糙、起皱。

如果秋天能把皮肤保养好，可修复酷暑对皮肤的损伤，恢复皮肤的正常生理功能和容颜。

秋天，空气中的湿度大大降低，暴露在外的皮肤有一种紧绷的难受感觉。中国传统医学认为，由于秋季气候过于干燥，最易损伤人体的津液，此时如果不注意保养，会使角质层出现“缺水”症状，皮肤变得干燥、粗糙，甚至出现缺水性皱纹。因此秋天尤其需要水的滋润。

可是很多MM想当然地使用油脂型的护肤品，结果使皮肤变得又黑、又皱、又硬。这是因为秋天风沙大，灰尘多，空气干燥，容易令多油的皮肤表面沾满灰尘，而皮肤中的水分却得不到补充，再加上阳光的照射，使皮肤更易晒黑。

秋季肌肤护理重点

秋季是肌肤的护理与保养季，此时气候干燥，早晚凉爽，中午烦热，所以如果不注意饮食调理，容易引起体内代谢紊乱，继而出现疾病，如“秋燥症”。其特点为皮肤干燥，体液缺乏，口干鼻燥，咽喉干痛，大便秘结，还常出现干咳少痰，久咳不愈等。那么秋天如何保养皮肤呢？秋天的气候比较稳定，肌肤较易适应，最重要的是改善夏天所造成的肌肤疲态。秋天护肤的重点在于滋润、美白和防干燥。

秋季九大肌肤问题逐个击破

皮肤问题1：油光驱之不去

夏秋交替之际，空气湿度逐渐降低，日夜温差拉大，肌肤的皮肤油脂分泌量跟着减少。表面上，偏油性肌肤不再拼命出油，让人感觉好像清爽了起来，但偏干性的肌肤，却容易在此时出现干痒不适的现象。事实上，无论你是哪种类型的肌肤，“缺水”都是必须面对的课题，而“把脸洗好”，正是留住肌肤水分的第一步。

对策：洗出好脸色

选择中度、弱酸性或含有氨基酸保湿成分的洗脸产品，并在30秒内结束洗脸动作。冷水清洁效果最好，因为热水会强化清洁效果，反而使敏感的脸部肌肤出现微血管过度扩张，造成肌肤紧绷不适。其实肌肤本身就有自然恢复的能力，清洁次数过于频繁或清洁力太强，不仅破坏了皮肤油脂保护功能，连带使水分供给失衡。

皮肤问题2：保养品擦了像是没擦

想要肌肤水亮，扮演守门员角色的角质非常重要。肌肤新陈代谢正常，老废角质就能自动自觉倒垃圾，角质层便能漂亮整齐排列，铺陈出一张光滑姣好的脸蛋。基本上，皮肤的代谢和年纪有绝对关系，60岁前，你的代谢周期约为1 个月，过了 60岁后，就拉长为45天。

对策：去角质别太频繁

尽管秋天的温度有逐渐下降的趋势，但影响肌肤状态最大的关键，其实在于湿度的改变，经常去角质只会给肌肤造成伤害，破坏原有的保护功能。同时，一旦皮肤变得太薄，外来物质反而更有机会入侵，对皮肤更加不利。如果你在此时做果酸焕肤，便能发现，以往可以接受1%浓度，如今却觉得刺痒难耐。因此，一般肌肤1—2周去角质一次即可，而敏感肌肤更要小心避开粗颗粒。

皮肤问题3：眼周问题一直冒

眼周向来是脸上最敏感的地带，厚度是其他肌肤的1/20，皮肤油脂腺分布也最少，天生容易有干燥和细纹出现。由于它的构造较为脆弱，常受到外界刺激发生敏感现象，季节变化时的保养就要更加小心，以免消化不良出现小疹子、肉芽，或是由于过于清爽，让细纹更有机会爬出来。

对策：眼部保湿，质地更细致

每天适时补充水分，有助于身体和皮肤的新陈代谢，利于老废物质顺利排出，避免淤积在眼周形成眼袋或黑眼圈。在保养时，则依据当时的肤况，以凝胶或霜状搭配指腹按摩促进循环，有些含有果酸的眼部保养品，能加速去除老废角质，让眼周更明亮，而含有保湿成分的则能刺激胶原蛋白新生，帮助秋日眼神更年轻明媚。

皮肤问题4：干裂细纹一起来

秋老虎，常让人以为时间还停留在夏天，保养的内容也依旧一成不变。事实上，只要细心一点，就能察觉早晚温差正逐渐拉大，脸蛋有点干燥、刺痒的紧绷感，突然跑出几条细纹，皮肤变得粗糙、缺乏光泽，甚至不像以往吃妆。这就是更换保养品，做好保温工作的时候了。

对策：保湿，跟着感觉走

进入秋天，肌肤常在洗完脸后出现有点干、有点绷的不舒服症状，此时先别急着拿保湿产品往脸上抹。每个人的肤质状况不同，水分与油分的比例也会有所不同，将肌肤调整在“水油平衡”的中性状态，才是最舒适的。

因此，肌肤偏油的你，不妨挑选水分比油分多的水包油形态保湿产品，将肤质调整到接近中性肤质，让肌肤拥有清爽感。至于肌肤偏干的你，最好在使用保湿产品后，再多一道乳液或乳霜，让较为滋润的油包水剂型润泽肌肤，减少干裂的紧绷感。

皮肤问题5：皮肤还是晒黑了

随着温室效应发酵，肌肤的保护意识愈来愈高涨，但这并不意味着，你的防护措施足以滴水不漏。例如：尽管皮肤科医生强调，防晒品得涂抹相当厚度，才能保护你不受紫外线侵害，事实上，大多数人仍然只有薄薄一层就出了门，或是以为事后补粉就多一层安全屏障，却从不积极补擦，如此一来，防晒当然看不出效果，皮肤也因此被晒伤、晒黑。

对策：防晒，先打秋老虎

防晒，可以说是美白的开始。经过夏天的紫外线打击，到了秋天，防晒品仍要随身备战。皮肤科医生建议，SPF在15以上，PA值愈多愈好，就足够为你形成防护。如果你的肌肤比较敏感，最好选择全物理性防晒剂，如果你的皮肤适应良好，或肌肤比较偏油，不妨选择化学性兼物理性的防晒剂。许多隔离霜中甚至含有珠光因子，适时发挥遮瑕打亮效果，让你的脸蛋更亮丽出色。

皮肤问题6：肌肤好暗沉

经过一个夏季的热烤，想要皮肤由黑转白，最好的方式就是休息一下，让累积的黑色素慢慢退去，并趁此良机好好保养肌肤，解除代谢斑点或肤色不均的尴尬。许多人以为过了夏天，肌肤就平安无事了，事实上，在艳阳高照的秋季，人更容易晒黑，如果再加上缺乏水分，脸更显得暗沉无光。

对策：美白，休息一下再出发

一年四季美白功课都不能间断，才能让你随时随地保持透亮的好气色，而紧跟在夏天后的秋天，很适合进行美白修护。不过，时下的美白产品，有些含有抗老、抗氧化功能，有些则以缩小毛孔为附加价值，许多人拼命将所有保养品往脸上搽，反倒重复太多，既浪费钱又不能增加效果，还不如精挑涵盖更多保养内容的美白产品。

皮肤问题7：肌肤一晒红通通

紫外线对肌肤的伤害，常是一点一点地累积，等到你发现了，肌肤早已黑了一半。气候转变也在偷走脸蛋的水分，很久后才惊觉怎么最近皮肤粗粗的。而在皮肤科接诊的患者中，中午顶着烈日出门办事，晒出羞羞脸，或者从海边冲浪、泛舟回来，落得一身晒伤的例子则屡见不鲜。

对策：美肤急救

火速用冰块或冲冷水为肌肤降温，或直接为肌肤喷上清凉降火的矿泉水、海洋深层水，不仅是抢救皮肤第一个步骤，也是最重要的步骤，接下来你可以视情况为肌肤敷上急救型面膜，让质地清爽的抗发炎和保湿成分，舒缓刺痒的症状。而保养则更需要持续发挥修护效果，能在最短的时间，达到最大的效果，才是绝佳急救型保养王道。

皮肤问题8：肌肤没活力

睡个美容觉，隔天皮肤就能魅力重现，虽是老生常谈，能做到的人却没有几个。加上夏季的摧残，肌肤到了秋天当然不堪一击，陆续出现毛孔粗大、油腻缺水状况，甚至冒出斑点和细纹。

对策：夜晚，修护美丽能量

何不顺着慵懒的秋天调慢生活步调，通过减少情绪紧绷压力，进而减少肌肤过度出油，不给痘痘菌生长机会，脸色也就不再暗沉。或者，至少趁夜晚睡眠前，以认真保养的态度向肌肤道晚安，一瓶可伴随肌肤过夜的晚霜或是面膜，都是令美丽重生的选择。其中，专为睡眠时设计的美白复合物，保湿补水机制，改善暗沉细纹、刺激细胞新生的成分，都是重建健康肤质不可或缺的要素。

皮肤问题9：毛孔斑点遮不住

别以为秋天的阳光会影响保养效果，而让焕肤退居为冬天的保养工作。其实，过了一季，特别是夏天，肌肤累积的老废角质数量相当惊人，如果你的肌肤比较油腻，而你又不是个勤于保养的人，脸上就会像个垃圾场，以致你的暗沉粗糙和毛孔斑点无所遁形，相对更加刺眼。

对策：焕肤，就趁现在

不妨以一季为基准，尤其在季节交替时节检视你的肌肤，来个彻底大扫除。预算多一点，可以试试皮肤科的医学美容疗程；而想省下预算者，则可通过居家焕肤保养自己，它们的设计无论在成分、浓度上都经过安全考虑，使用上也十分简单方便，抛光后的肌肤焕然一新，才足以吸收接下来的秋日保养。

不同肤质的护肤攻略

干性肌肤的护肤攻略

护肤重点就是加强保湿，使用偏油性的乳液进行滋润，及时补充皮肤营养，预防紫外线造成的伤害。保湿霜方面，秋季最好使用质地厚重、锁水功效较强的乳霜产品。抹完以后，等上几分钟，让皮肤好好吸收，然后再化妆。不要过度使用洁面皂、爽肤水，会让干性皮肤更加干燥。

油性肌肤的护肤攻略

彻底清洁皮肤，经常去黑头和角质，除了补水之外，同时选择可以收缩毛孔的爽肤水来收缩毛孔。就算是油性肌肤在秋天也同样会干燥起皮，宜使用一些化妆水为皮肤补水。尽量使用柔和的皂性洁面液，配以轻柔的按摩，来帮助皮肤去除油脂，吸收水分。

中性肌肤的护肤攻略

夏秋换季之时，由于温度和湿度的变化，皮肤容易起细纹，这时中性肤质的MM，应该开始注意补充肌肤水分，并且经常按摩面部肌肤，增强血液循环。给予肌肤正常的基础保养，再加强补水和防晒即可。

敏感性肌肤的护肤攻略

干燥和季节的变换对过敏性皮肤来说是大敌。注意远离那些气味太芳香的产品。含酒精和果酸成分的产品对皮肤刺激大，对敏感性肌肤更是雪上加霜。绝不要使用深层清洁的磨砂膏和去角质霜，它们都会让过敏情况加重。尽量选择全天然或者针对敏感性皮肤的保养品，重在为皮肤补水、滋润。

混合性肌肤的护肤攻略

选择保湿效果较好的保养品，同时搭配专门针对T区的控油产品。针对不同部位，使用两种不同的柔肤水。有爽肤作用的轻拍在T区附近，有保湿滋润效果的柔肤水用棉片抹在较为干燥的两颊。

04 冬季滋养、抗衰老

冬季肌肤特点

进入冬季，随着气温的下降，人体的新陈代谢能力逐渐降低，皮肤会因汗腺、皮肤腺分泌物的减少和失去较多的水分而变紧、发干。因此冬天的护肤显得极为重要。如果不注意精心保养，寒风的刺激及暖气的使用更将使你往日亮丽的肌肤变得暗淡粗糙，缺乏弹性，产生皱纹。

冬季肌肤护理重点

冬季天气寒冷干燥、气温急剧降低，保养皮肤首先是注意保暖、加强锻炼，加速血液循环；其次，冬季是四季中护肤的关键，对护肤品的要求也最高，不仅要保证营养，更要帮助肌肤主动吸收。冬季最常见的是以芦荟、牛油果、鲨鱼肝、鱼油等多种动植物类中的精华成分合成的护肤用品，这些产品注重保湿、补充油脂，但使用的时候要考虑它们是否都能被皮肤吸收。

尽量保持皮肤湿润

由于冬季易使皮肤发干皲裂，所以补充水分是冬季护肤的重要方面，补充水分的最好方法是多喝水，多吃水果。

注意面部清洁方式

不要用热水洗脸，那样会洗走皮肤油分，导致水分流失，会将面部皮肤表面的酸性保护膜洗掉，减少皮肤的弹性和光泽，也会减弱杀菌能力，皮肤会更加干燥从而引起瘙痒等症状。冷水洗脸可增强皮肤的耐寒能力，减少皮肤油脂的损失。不要用去油力强的洁肤品，尤其是干性皮肤，应用温和的洁肤乳。洗澡时先洗脸再洗澡，以免浴室内的热气使毛孔打开，脸上的灰尘进入到皮肤里面。

选用适当的化妆水

使用酸性化妆水。酸性化妆水也就是收缩水，可以抑制皮肤油脂和汗腺的分泌，保持皮肤正常的酸度，使酸性保护膜健全，免受细菌的侵袭。不用或者尽量少用含酒精的化妆品，因为酒精容易挥发掉皮肤的水分和油分。

选用适合的肌肤保养品

为补充皮肤所需的营养，可选择油脂性多的护肤霜。这样有利于保持皮肤温度，防止水分过量挥发而引起皮肤干燥、皲裂。

在皮肤清洁状态下，先涂上一层营养霜，在营养皮肤的基础上再涂上适合自己肤色的粉底霜或乳液给皮肤以保护。

冬季也应注意防晒

冬天的阳光虽然不是直射，但照射到皮肤上的紫外线并不比其他季节少，冰雪所反射的阳光对皮肤的伤害尤为严重，所以冬季防晒不容忽视。

冬季护肤注意事项

体内补水

喝足够多的水，避免因体内缺水而引起皮肤干燥。饮水量为每日6—8杯，同时还可以饮用果汁、矿泉水、茶水等。

体外补水

洗澡能保持皮肤表面湿润，用蒸汽蒸可减少水分散发。洗脸、洗澡时的水温不可过高，并应选用去脂能力较弱、保湿能力较强的产品。皮肤干燥者可以准备一套保湿护肤品，至少包括一瓶保湿日霜和晚霜，洗面尽量不用或少用啫喱的洗面奶。干燥、粗糙严重者，还可以再准备一瓶高浓度的保湿精华液和一片高水分的面膜，每周使用1—2次，对皮肤进行深层补水。

营养补给

多吃胡萝卜、菠菜等含维生素A较多的食品。因维生素A有保护皮肤、防止干裂的作用。

按摩面部皮肤

每晚3分钟，坚持双手按摩面部皮肤、肌肉（最好有油类或乳类介质），缓缓地顺着面部肌肉、血管的走向，从里向外进行按摩，促进面部血液循环，使面部细胞分泌更多的胶质和油质，起到保护皮肤的作用（油性暗疮皮肤除外）。再有就是控制好室内温度，增加湿度。

不同肤质的护肤攻略

干性肌肤的护肤攻略

对于干性肌肤的MM来说，这是最难受的一个季节，但如果做好了保湿功课，还是可以安然度过的。干性肌肤天生皮肤油脂分泌相对较少，因此皮肤干燥，表皮较薄且脆弱，肌肤自身锁水和自我保护的能力都“天生不足”，水分极易流失。当遭遇冬日低温寒风等外部环境刺激时，肌肤缺水的情况变得更为严重，出现红血丝、脱皮、干纹等问题。

干性肌肤若想要保持水润，关键要做好滋润保湿和高效锁水，适当选用油性护肤品。在给肌肤解渴的同时，一定要加固肌肤水脂膜。当肌肤自身的锁水能力得到提升后，保湿成分就能被牢牢地锁住，给肌肤源源不断的水润动力，从根本上改变肌肤干燥脆弱的状况。

油性肌肤的护肤攻略

油性肌肤的MM，这时的脸部肌肤还好，但眼周和嘴角还是会起细纹，选择一些含保湿成分的眼霜或唇膜，会让你明眸善睐、朱唇娇嫩。冬季有些肤质可能敏感脆弱，需降低去角质的频率，但是油性肌肤一定要坚持定期去角质哦。

中性肌肤的护肤攻略

冬天天气干燥，出于自我保护，皮肤的新陈代谢机能开始放缓，保湿是第一要义没错，但是中性肌肤的姐妹们还可以在冬天的时候进行一个美白计划，让肌肤在这个季节得到休整，为来年的好脸色打好基础。

敏感性肌肤的护肤攻略

敏感肌肤的MM终于可以松口气了，因为此时皮肤进入“冬眠”，敏感度不高。重点可以放在保湿上，在高水分的范围内挑选护肤品和彩妆品，干燥会加重敏感的状况。使用非常柔和的眼部卸妆乳，让棉片吸取，擦拭后，再用棉签去除细微残留物。使用预防敏感的保湿面膜以及专为敏感皮肤而设计的精华素。

混合性肌肤的护肤攻略

用洁面乳清洁皮肤。着重在干燥部位轻轻按摩，然后用棉片擦净。在干燥的季节里，整个脸部都要使用保湿乳液，尤其是两颊部位，可以着重涂抹。然后再用纸巾擦去油性部位多余的乳液。

CHAPTER 8

细节护理，无死角护肤

“细节决定成败”，这句话对于美容护肤来说同样适用。生活中我们常常忽视了一些护肤的细节，然而正是这些细节在一步一步地摧残我们的肌肤。想美丽加分，就要在细节处下功夫。接下来介绍美容护肤的三个细节护理，一起来了解一些省时又省力的美肤好办法吧。

01 细节护理1——眼部保养

美目盼兮，巧笑倩兮，为古往今来无数红颜佳人所向往。明亮清澈的双眸谁不想拥有？但是，现代生活节奏加快、环境污染、睡眠质量不好，使得薄而脆弱的眼周肌肤衰老加快。

眼周肌肤问题产生的3大原因

❶ 机体自然衰老。随着组织器官的自然老化，导致鱼尾纹、眼袋等出现。

❷ 光老化作用。紫外线导致肌肤胶原和弹性蛋白分解变性，肌肤弹性下降、水分流失、粗糙暗淡，眼周肌肤也因此进入老化状态。因为紫外线是导致肌肤老化的最大因素，所以外源性肌肤老化又被称为“光老化”。

❸ 不良的生活习惯。面部表情过于丰富，如夸张、忧伤、高兴过度，睡眠起居不规律、吸烟酗酒等均可导致纤维组织弹性减退，从而加速眼周肌肤老化现象。

如何解决眼周肌肤3大困扰

经常面对电脑的女性，再加上经常佩戴隐形眼镜及化眼部彩妆，给眼周肌肤造成了很大的负担，眼周肌肤容易提前老化。那么，如何能让眼周肌肤重拾光彩呢？

了解清楚眼周肌肤问题的成因与使用正确的护理方法，是让眼周肌肤渐渐“苏醒”的重中之重！

1. 如何赶走鱼尾纹？

皱纹是岁月的痕迹，谁都无法避免，但只要保持年轻的心态，并且及早做好护理，青春也会变得不再那么短暂。为了减缓鱼尾纹的出现，应及早养成保养眼周肌肤的习惯。

解救方案：

❶ 产生鱼尾纹最主要的原因还是因为体内胶原蛋白的流失。胶原蛋白可以说是肌肤细胞生长的主要原料，能使人体的肌肤长得更加丰满、白嫩，使皱纹减少或消失，延缓肌肤的衰老。

所以，改善眼周鱼尾纹，使用含有丰富胶原蛋白的眼部保养品是必要而有效的方法。

❷ 随着年龄增长，体内雌激素水平降低，皮肤油脂分泌减少，肌肤保存水分的能力会下降，从而肌肤会变得越来越干。肌肤干燥，亦会造成眼周肌肤的水分快速流失，进而形成鱼尾纹。含有高保湿成分（如玻尿酸、端粒酶因子、透明质酸、维生素原B_5、六胜肽等）的眼部保养品，可以明显改善眼周肌肤缺水现象，对预防鱼尾纹和消除鱼尾纹有不错的效果。

❸ 抗皱眼膜配合眼霜一起使用，吸收与锁住营养成分的步骤同时进行，护理的效果会更好。

❹ 适当按摩，或用美容仪等促进眼周肌肤血液循环，增加肌肤弹性，对眼周细纹有一定的帮助。

2. 如何消退泡泡眼？

看到两只鼓起的眼袋，你有何感想？想必不会喜欢。随着年龄增长，肌肤松弛，一旦疏忽或没有得到充分的休息，眼袋会更严重，若再加上生活的压力及疲惫，就会更为明显。

解救方案：

❶ 由于熬夜或压力过大而造成的血液循环不顺畅导致的眼周肌肤浮肿，使用含有消肿成分，如咖啡因，或者银杏、七叶树等植物萃取的眼部保养品，可快速排水甩肿。

❷ 针对压力型浮肿造成的毒素堆积隐患，可以选择含有细胞排毒及修复功效的舒缓眼部保养品，帮助眼周肌肤有效排水、排毒，重建完美的“紧致平衡”。舒缓眼部保养品适合经常熬夜、工作繁忙或长途飞行的人士使用。

❸ 长期用眼，中途一定要休息，否则会使疲劳的眼部充血，引起眼轮匝肌及眼睑肌肤松弛肿胀，所以每小时休息一次最适宜。

❹ 对于休息不好、饮水太多等造成的眼袋，可在家里做一些简单的眼部保养。比如，将青瓜切片去核，然后闭目将青瓜铺在眼皮上敷数分钟便可，或用新鲜薯仔、冻压布和冷水袋，可立即消除眼袋。

3. 如何改善黑眼圈？

不知道什么时候起，肌肤变得越来越不听话，睡得好或不好，黑眼圈都会存在，被人称为“熊猫眼”。黑眼圈的出现影响整个面部的气色，让人看起来非常没有精神。

解救方案：

❶ 美白眼部保养品中多含有果酸、维生素C、熊果素、胎盘素、桑葚萃取液、鞣花酸等美白成分，可以促进黑色素代谢，抑制及破坏黑色素生成，阻止络氨酸酶活化或还原黑色素中间体等。这些能促进细胞新陈代谢的美白成分，可以充分分解眼部暗沉色素，平整肌肤纹理，紧实眼部细纹，消除黑眼圈，令眼肌润白亮泽。

❷ 除了使用各种植物萃取等含精锐美白成分的眼部保养品，发挥“眼部美白针”的效力，还应当选择含红景天、人参、刺五加等植物活性成分的眼部保养品，重振眼周肌肤血液循环，拯救暗淡双眸。

❸ 热敷可让血液循环顺畅，每天早起、睡前热敷眼周肌肤，可改善血液循环，预防黑眼圈发生。

❹ 紫外线容易造成眼周肌肤色素沉淀，所以外出活动时，擦防晒乳时，别忘了擦眼睛周围的肌肤。

❺ 利用专业眼部卸妆产品做彻底的眼部洁净，可以防止彩妆残留促成的色素沉淀。

4. 如何消除脂肪粒？

脂肪粒是一种长在皮肤表面的白色小疙瘩，约针头般大小，看起来像是一小颗白芝麻，一般长在脸上，特别是女性的眼睛周围。肤如凝脂，是爱美女性孜孜不倦的追求，可脸上和眼周的颗颗脂肪粒，会让美丽大打折扣。

解救方案：

❶ 用温和的去角质液来轻轻按摩眼周肌肤，脂肪粒就会渐渐消失。如果脂肪粒比较大的话，消失的周期就会比较长一些。特别要注意的是，眼部肌肤极其敏感娇弱，按摩的时候手法要轻柔才行。

❷ 建议使用含油量较低、容易吸收、含天然植物成分的眼部啫喱，啫喱状眼胶通常有着果冻一样的胶质，比传统的霜、膏质眼霜质地更轻盈，渗透力更好，延展性更强，着重保湿功效。同时配合使用能够温和疏通毛囊的爽肤水，数量较少的脂肪粒会在一个月内消退。

❸ 如果脂肪粒数量较少，且已长得较饱满、突出，皮肤是非疤痕型的，可使用消毒过的缝衣针，轻轻挑破包裹在脂肪粒上的皮肤，用手指轻柔地将脂肪挤出，再抹上一点红霉素软膏即可。

❹ 适当运动可以提升身体和皮肤的循环代谢能力，即提升肌肤的自我修复能力，避免毛囊阻塞，从根本上预防脂肪粒的产生。

02 细节护理2——唇部保养

娇嫩的双唇可以提升个人魅力，然而唇部也逃不过时间与环境的摧残，唇部对抗环境侵扰的耐力是整个身体肌肤中最弱的。唇部的皮肤一直裸露在外，很容易受到环境的侵害，起皮、唇纹与唇色暗沉是唇部护理当中经常遇到的3个问题，聪明的女人应当学习如何做好唇部护理，保持个人魅力！

唇部3大恼人问题：起皮、唇纹、暗沉

嘴唇上的皮肤是很“小气”的，它的组织结构层很薄，只有身体皮肤的1/3厚。由于它本身没有汗孔，没有皮肤油脂腺，所以对干燥、低温等环境自然就特别敏感。唇部的干燥会造成唇纹明显、表皮脱落，并让口红失色，甚至油性的唇膏也无法令这种情况改善。加上双唇的肌肉纤薄柔嫩，微笑、喝水、吃东西、说话，易被牵动而产生皱纹。

形成原因：

❶唇部没有皮下脂肪腺，不会自行分泌水分和油脂，所以唇部缺乏一层天然的保护膜。一旦遇到干燥天气，嘴唇就是最容易受到侵袭的敏感部位。

❷唇部肌肤与眼周同样脆弱，对于阳光中的紫外线毫无抵抗力，也是最易暴露年龄和老化程度的肌肤。

❸随着年龄增长，唇部肌肤角质层中的胶原不断减少，弹性变弱，这会直接导致唇部皮肤松弛，皱纹增多，甚至蔓延到唇线以外。

❹不良生活习惯，如吸烟、酗酒或是卸除唇妆不够彻底，亦会造成唇部肌肤产生各种问题。

唇部护理6步骤

要保持唇部的滋润，可不要忘了给双唇以特别的呵护。其实程序并不复杂，为了让自己娇唇欲滴，掌握正确的护理方法是关键！

1. 卸妆：唇部护理第一步

什么？唇部肌肤也要卸妆？是的，即使是最不擅长化妆的人，也会使用口红。一项数据表明，唇部是平均化妆时间最长的一个部位，没有好好卸妆，长期积累在嘴唇缝隙中的口红会渐渐地阻碍唇部肌肤的正常代谢，让唇色加深变黑，甚至导致唇部肌肤纹路加深。尤其因为唇部不具有油脂分泌腺，彩妆卸除不干净，污垢不会经由肌肤分泌的油脂自动掉落，久而久之，嘴唇便会呈现老态，因此，完整的唇部卸妆，是打造美唇的关键。

唇部的肌肤是比较敏感的，所以在选择卸妆液时，尽量选择性质温和的专业唇部卸妆液。用充分沾湿唇部卸妆液的清洁棉按压唇部肌肤，停留10秒钟左右，等唇膏中的色素充分溶解，然后轻轻从嘴角向中央擦拭，建议轻柔擦拭2—3遍。

2. 润唇膏：给唇部最滋润的呵护

润唇膏是专用于唇部滋润保养的化妆品，能有效防止唇部皮肤因干燥或其他原因引起的脱皮、唇纹、暗沉等情况。润唇膏的主要成分包括蜂蜡、凡士林、薄荷及芦荟。另外，润唇膏为了加强滋润功能，更会加入维生素、水杨酸等成分。一般润唇膏的外表与唇膏无异，皆是管装形状，但近年新款的润唇膏产品推陈出新，有部分采用挤压式设计，有部分则需要用手涂在嘴唇上。从功能上来看，润唇膏的功能越来越多，过去润唇膏只是滋润嘴唇之用，但现时的润唇膏更加入防晒功能，能有效防止紫外线，部分润唇膏的色泽更有如唇彩，能使嘴唇变得光泽亮丽，有化妆功效。

3. 唇膜：去角质与补充营养两不误

照镜子的时候，你是否发现自己的嘴唇出现了一道道深深浅浅的纹路，原本饱满的唇部变得干巴难看，更严重的是，嘴唇上还有干皮。肌肤要补水，有一个部位绝对不能忽视，那就是嘴唇。对每个女孩子来说，润唇膏是必备品，在晚上睡觉前，你还可以做个唇膜，来辅助润唇膏，令双唇快速恢复滋润饱满。

唇膜就相当于我们脸部的面膜一样，一方面，去角质唇膜含有细微颗粒，能温和地去除导致唇表暗淡无光的老死角质细胞；另一方面，保湿唇膜可以给予双唇充足的营养与水分。每周使用一次唇膜，可以让双唇迅速恢复平滑柔润。

4. 唇部按摩：淡化唇纹、提亮唇色

定期对唇部进行按摩，用食指和大拇指捏住上唇，食指不动，轻动大拇指来按摩上唇；再用食指和拇指捏住下唇，大拇指不动，轻动食指来按摩下唇。然后相反方向有节奏地按摩上下唇，反复数次。这一按摩方法可以消除或减少嘴唇横向皱纹。

5. 维生素和水：让唇部更柔润

日常要多喝水，食用含有丰富维生素的蔬菜和水果，还可适量服用含有维生素A、维生素B、维生素C的药片，这些都可改善唇色沉暗，让双唇变得健康润泽。

6. 改掉不良小动作：唇部不再干

不知你是否总无意间舔嘴唇？其实这是一种极为自然的反应，却会给你的嘴唇带来伤害。当用舌头舔嘴唇时，由于外界空气干燥，唾液带来的水分不仅会很快蒸发，还会带走唇部本来就很少的水分，造成越干越舔、越舔越干的恶性循环。改掉这类坏习惯，一方面要刻意戒除舔嘴唇的习惯，另一方面就是使用润唇膏让唇部保持滋润，不再干燥。

省钱省力的橄榄油护唇法：

如果唇部的皮肤比较敏感，最好选择含天然香料成分的润唇膏。橄榄油里

没有香精和化学物质，里面含有的多种天然脂溶性维生素和脂肪酸等都可以起到滋润唇部的作用。另外，橄榄油还具有很好的亲水和亲油性，非常容易被肌肤吸收，涂了以后不会有油腻感，可以滋润肌肤和调节水油平衡，使唇部更细腻光泽，杜绝肌肤干燥。

1. 橄榄油日常护唇法

橄榄油日常护唇非常简单，先湿润一下嘴唇，然后只需要用棉签蘸适量橄榄油，并且将它均匀地涂在嘴唇上，便可以有效保持唇部水分，而且还可以消除唇纹和防止唇部脱皮、干裂。

2. 橄榄油特殊护唇法

如果你的嘴唇出现了干裂情况，建议在晚上睡觉前先用热毛巾敷嘴唇一会儿，然后再用化妆棉蘸少量橄榄油涂在嘴唇上。第二天起床，你会发现，嘴唇恢复了滋润光泽。

03 细节护理3——T区保养

T区指额头到鼻子的区域，因为形状很像大写的字母T，所以被人形象地叫作T区。T区的皮肤是脸上出现肌肤问题的重灾区，这里不仅油脂分泌异常旺盛，也是黑头、粗大毛孔的“久居之地”。如何进行T区的护理，让完美的肌肤不留遗憾？不妨学习T区护理技巧，让干净清新的面容重现。

T区肌肤问题形成原因

❶ 皮肤油脂腺分泌油脂是通过毛囊排出体外的，但是油脂分泌过多，或是毛囊表面被灰尘阻塞时，无法正常排出的油脂就会堆积在毛孔内。当遇到细菌、脏空气时，就会引发痘痘。

❷ 如果油脂分泌过盛，无法及时清除，会致使毛孔被撑大，毛孔越大油脂分泌也就越多，如此恶性循环，致使T区出油问题越加严重。

❸ 大量的毛孔污垢和细菌没有及时排出，就变成了黑头或白头，这也是毛孔氧化的结果。

T区护理技巧1：深层清洁毛孔污垢

T区的油脂分泌异常旺盛，因此很多人在T区的护理上都会十分专注于控油，事实上，比控油更为重要的应该是认真做好深层清洁才对。皮肤的呼吸是依靠角质层细胞间的空隙进行的，透过角质层、毛孔及皮肤油脂腺吸收水分及养分。当汗水及油脂分泌大增，加上空气中灰尘的影响，毛孔特别容易积聚污垢，若未能做好深层清洁工作，老死的角质细胞就无法自然脱落，并在皮肤表面积厚，这样不但不能令肌肤顺畅地呼吸，更有碍护肤品成分的吸收，直接影响肌肤水平。使用具有深层清洁效果的洁面产品，对T区的皮肤进行彻底的清洁，保持肌肤干爽和洁净是后续护肤步骤的大前提。那么，如何做到深层清洁呢?

第一，去角质。因受外在环境条件变差、饮食不均衡、生活作息不正常、抽烟、喝酒、不良情绪等因素影响，肌肤代谢速度会减缓。不正常的代谢使得角质细胞无法自然脱落，厚厚地堆积在表面，导致皮肤粗糙、暗沉，所搽的保养品，往往也被这道过厚的屏障挡住，无法被下面的活细胞吸收。因此，我们要预防角质增厚。去角质方法：用去角质膏在T区轻轻去角质，手法从下往上，出油很厉害的皮肤按摩2分钟，其他部分按摩1分钟就够了。每月进行1—2次去角质，以保证毛孔畅通。

第二，清洁面膜。T区是容易滋生黑头的部位，可以选择含有天然矿物泥成分的清洁面膜，也可以使用T区专用面膜，让阻塞毛孔的脏污被清理出来，还可以为肌肤排毒，平衡水油，对痘痘、粉刺等问题肌肤有很好的疗效，深层洁肤能提亮肤色。清洁面膜建议每周使用一次。

第三，洁面乳。洁面是护肤中最基础的环节，它能有效洗去脸上的油脂和污垢，是保持肌肤干净清爽的基础。如何才能彻底地洁面呢？首先在洁面的过程中要细致耐心，一般的洁面时间需要保持在3分钟左右。在T区可以画圈的方式轻柔按摩加以清洁，或是先用中性的洗面乳轻轻洗一次全脸，然后在T区用控油型洁面乳再洗一次。其次，使用30—40℃的温水洗脸是最能把脸部肌肤洗干净的。同时应当注意，洁面的次数不宜太过频繁，一天2次温水洁面即可。

T区护理技巧2：收敛爽肤水收缩毛孔

清洁面部之后，皮肤处于干燥的状态，这样并不利于控油工作，因为接下来皮肤就会分泌油脂来进行自我保护，因此要在这之前就赶紧给肌肤补水，采用具有收敛效果的爽肤水，在补水的同时收缩毛孔，能够有效改善T区的皮肤状况。同时爽肤水还具有二次清洁的作用，它可以恢复肌肤表面的酸碱值，并调理角质层，使肌肤更好地吸收，并为使用后续保养品做准备。

让爽肤水效果大提升的小方法：用爽肤水浸湿一小块儿化妆棉，然后轻轻地涂抹在已洁净的面部及颈部，可以防止皮肤出油过多、毛孔变得粗大。对于出油较为厉害的部分，可以将爽肤水浸透化妆棉敷于面部2—3分钟，为肌肤补充大量水分，使肌肤一整天维持水油平衡，从而达到控油的效果。

T区护理技巧3：水油平衡

爽肤水，虽然能起到较好的补水功效，但是却很容易挥发，很难留住肌肤水分。很多人会认为T区的油脂分泌那么旺盛应该不需要补水了，但是恰恰相反，正是因为肌肤深层缺水才会导致肌肤表面不停地分泌油脂来缓解肌肤干燥状况，所以平衡补水是十分重要的。让肌肤喝饱水是减少油脂泛滥的主要办法，保持面部的水油平衡才能让皮肤进行常规的油脂分泌，而且补水还能缓解干燥状况，让T区皮肤更加健康，也能有效改善肤色不均。那么，如何做到补水保湿呢?

第一，定期使用保湿面膜。保湿面膜蕴含玻尿酸、甘油、氨基酸、神经酰胺、海藻糖、透明质酸钠等成分的高效保湿复合剂，为肌肤提供密集补水，令肌肤水润柔滑，是T区肌肤护理的“招牌菜”。

第二，选择具有补水功效的保湿乳液。现在很多品牌也推出了控油与保湿兼备的清爽乳液，这些产品大多质地轻薄，不含油脂，不会产生油腻、黏稠感。这样一来不仅解决了T区出油的困扰，还兼顾了两颊干燥的问题。

T区护理技巧4：保持心情舒畅和清淡饮食

在紧张、压抑的情绪下，人们会发现洗完脸不久T区又会出油。这是因为人越处于紧张、压抑状态，越会导致肾上腺分泌荷尔蒙，刺激皮肤油脂腺分泌更多油脂；其次，清淡的饮食也可以防止刺激油脂分泌量增多。尤其是夏季，如不控制饮食会令“油田肌”久治不愈。所以，放松心情以及清淡饮食，是保持T区皮肤清爽的关键。

CHAPTER 9

保养疑虑Q&A

现代女性对美的追求永无止境，孜孜不倦地寻找着美丽的答案。也许你日日保养，但效果未必和花费的心血成正比。女人如果想时时刻刻保持良好的气色，就要知道如何利用护肤品来保养来美容护肤。在这一章节里，我们主要列出了一些常见的肌肤保养问题并进行解疑答惑，分分钟让你容光焕发，立刻拥有好脸色，获得完美肤质！

女性最常讨论的护肤问题是什么：如何能令我的脱皮肌不再烦扰我？如何能让我的皮肤白点再白点？如何挑选适合自己的美肤保养品？如何能让我的毛孔变小？……

这些问题常年困扰着MM们，却始终也得不到良好的解决。以下Q&A，希望能对有着“问题肌肤”的MM们有所帮助。

Q：到换季时分，我的肌肤就开始闹各种情绪（脱皮、紧绷等），喝了很多水，肌肤还是干干的、绷绷的，我应当怎么办呢？

A：就算每天喝水8杯以上，还是觉得肌肤不够水嫩？事实上，喝水很难直接改善我们皮肤的状况，喝下的水，在体内绕了一圈，供给肌肤的只是很少一部分，用护肤品补水锁水才会更直接，而且只有补水和锁水同时进行护理才能更有效！补水产品一般质地比较清爽，分子量很小，可以迅速到达皮肤底层。保湿化妆水、保湿精华素或者保湿面膜都是理想的补水产品；而锁水产品必须滋润，所以大多含有油分，才能将水分牢牢锁紧，一般使用一款保湿效果好的面霜就可以达到锁水效果。皮肤角质一旦喝饱了水，就像吸了水的海绵一样膨胀起来，毛孔周围细胞“喝”足了水，肌肤自然会水润嫩滑。产品中标注含有透明质酸、左旋VC、传明酸、胶原蛋白、玻尿酸等成分的护肤品，都是补水保湿的好选择！

Q：我是一个美白控，市面上一推出新的美白产品，我就喜欢抢先试试，只是一直有一个疑惑：美白产品是一年四季都要用吗？

A：美白产品一年四季都应当使用。仅仅进行季节性阶段性的美白，其效果往往不尽如人意，因为黑色素的形成和消除有一定的阶段和过程，因此，美白也应该持续不懈才能功效显著。防御紫外线也不单单等于防御阳光，阳光直射不到的地方同样存在紫外线的袭击。不同的季节可以根据阳光照射的强度和时间，调节美白产品的使用。需要加强的时段为春季与夏季，因为春夏的紫外线强度是一年中最强的时段。任何一个季节里美白产品和防晒产品都是必备的，美白产品好比前锋，防晒产品则好比守门员，选择了这两样，在对抗黑色素的时候，你至少做到了防守兼备。

Q：21岁的我，肌肤底子不错，但睡眠不好，所以怎么护理肌肤都只是勉强过得去，尤其是在阴天，肌肤很容易看起来暗沉。如何改变因为睡眠不足而造成的肌肤暗沉？可以用化妆品遮盖吗？

A：首先要了解到一点：肌肤暗沉并不可能用任何化妆品遮盖掉，这只是一种掩耳盗铃的做法。想要真正改善肌肤暗沉，就应当注重以下四点：

❶ 定期去角质。随着年龄增长、自由基遭到破坏，皮肤新陈代谢的速度日渐缓慢，以致老废角质细胞不断堆积在表皮层上，妨碍肌肤细胞畅通无阻地吸收保养成分，肤色开始变得暗沉发黄。定期去角质可以使肌肤看起来红润平滑，老废角质代谢后保养品中的营养物质可以更有效地吸收。

❷ 使用含有优质美白成分的护肤品。因自身体质原因或外界刺激造成的黑色素，要及时地打散并代谢掉，因此，使用一些具有代谢黑色素功效的美白成分是必须的。如使用维生素C、熊果素、传明酸、洋甘菊等萃取物来敷脸或保养，能迅速镇定肌肤，对防止雀斑、色斑很有帮助。

❸ 日夜24小时不间断美白。日间紫外线强烈、粉尘较多，容易激发黑色素母细胞分裂更多的黑色素。在白天做好阻挡UVA和UVB的有效防护，预防紫外线照射以及环境因素造成的黑斑、雀斑及肤色不均，应选择含有稳定美白成分的美白保养品，阻断黑色素的形成。夜间正是细胞生长和修复最旺盛的时候，细胞分裂的速度要比平时快8倍左右，因而肌肤对护肤品的吸收力特别强。所以在这时候使用夜用美白产品修护日间损伤的肌肤细胞并分解日间形成的黑色素，能起到事半功倍的效果。

❹ 注重防晒护理。日晒是造成美白无效的元凶。买来的美白保养品刚使用前期看来颇有效，然而后续似乎又黑回来些，最大的原因出在只努力美白，防晒却很随便，肌肤继续受到阳光紫外线刺激，当然前功尽弃。所以，请记得，想要美白的你，一定要美白、防晒齐头并进。

Q：早上起床，就明显感觉我的肌肤毛孔粗大、有油。午饭后，特别是午休后，脸上会出更多的油，夏天更是惨不忍睹。很苦恼，应该怎么办？

A：油性肌肤的形成是因为肌肤缺水，从而分泌更多的油脂，最终形成肌肤内干外油。通常熬夜以及压力过大也可能导致偏油。油性肌肤，除了日常脸部彻底清洁外，不要忘记定期做去角质及敷保湿面膜的工作；同时爽肤水对于肌肤的深层清洁、收敛毛孔也是非常重要的，不仅可以清除油脂，还可以抑制油脂；平时的保养品应使用具有补水保湿功效的护肤品，只有为肌肤大量地补充水分，才能令肌肤达到水油平衡，最终从根本上解决肌肤内干外油的症状。

Q：我是一名工作不久的轻熟女，最近半年我的肌肤忽然由混合性变成干性了，眼周还出现了细纹。像我这样有了细纹的轻熟肌应当怎么护理呢？

A：女性自25岁开始，新陈代谢及血液循环减慢，肌肤锁水及制造胶原蛋白的能力逐渐下降，皮肤油脂腺分泌减少，肌肤弹性和水分因而减少，肌肤出现紧绷缺水、欠缺光泽，以及出现眼部幼纹等现象。此时应当注意：1.深层洁肤。如卸妆、去角质、二次爽肤清洁等，只有做足清洁工作，肌肤才有可能更好地吸收养分。2.补水保湿。当肌肤已开始缺水，应当加强使用具有补水保湿功效的面霜或精华产品了。3.眼部护理。春夏季用一些轻薄质地的眼部保养品，秋冬季用一些滋润质地的眼部保养品，会令轻熟女的眼部肌肤及早被保护。4.加强防晒。一年四季的防晒是保持年轻肌肤的必要基础。

Q：我非常希望我的肌肤能白点，再白点，所以我常年使用美白产品，可是最近使用美白产品后，我总感觉肌肤奇干无比，即使每天用美白化妆水敷脸也不行。

A：你一定延续了夏日所使用的美白产品吧！夏季的美白保养品相对轻薄，甚至具有控油的功效。每个人的肌肤状况有一个周期性的变化规律，而在季节转换期间，肌肤变化尤其剧烈。所以，每间隔几周就评估一下自己的肌肤状况，并及时调整美肤护理产品是非常重要的。一般来说，女性的肌肤不是正常偏干就是正常偏油。偏干性肌肤在秋冬容易毛孔发紧、毛细管易见、肤色不均以及蜕皮掉屑；而偏油性肌肤则容易毛孔粗大、发痘痘和容易色素沉着。每隔两周，就拿一面镜子，在光照充足的地方，仔细观察清洁后的肌肤，判断自己属于偏干还是偏油。同时，你还可以用手指快速重压一下肌肤，如果它没有快速恢复过来，那就说明肌肤水合能力不佳，你就需要保湿，保湿，再保湿。对于干性皮肤来说，夏季可能会大量使用一些轻薄的乳液或者啫喱，但进入换季时节，因为气温在不断降低，皮肤出油量也在不断降低，所以需要将轻薄的乳液质地，换成相对较厚的霜状质地；同时最好增加一款保湿精华与保湿面膜来达到深层补水的目的。

Q：我的皮肤一直都不错，白皙无痘，所以一直对肌肤护理不管不顾、大大咧咧的，每天早晚都用同一种面霜，就草草了事，根本不分日霜、晚霜。难道晚上必须使用晚霜才能对肌肤护理有益吗？还是商家的噱头而已？

A："白天涂日霜，晚上涂晚霜多麻烦呀，能不能简化这个步骤？"很多女性都会问到这个问题。很遗憾，最好不要！日霜和晚霜的最大区别，就在于它们被皮肤吸收的营养各不相同。日霜属于表层护肤品，其功能侧重点是防护和隔离，它会和皮肤表面的天然油脂膜相结合，加强皮肤弱酸性及保护皮肤免受外界污染的侵害；而晚霜属于深层保养品，其功能侧重点是"修护和滋养"，补给皮肤所需的能量和营养元素，由于皮肤在夜晚的吸收能力比白天高，所以，晚霜的质地极易被皮肤吸收至深层组织，其营养成分也要比日霜丰富得多。由此可见，日霜和晚霜是有各自分工的，如果不能正确使用，长期下去，皮肤很快就出现暗沉、细纹、未老先衰等现象。

晚霜亦可照日霜方法使用，但需加入更多的按摩手法，使其更深入肌肤。也可以用按压的方式涂抹，以免产生小细纹。

Q：经常面对一堆美白品，搞不清自己该用什么？对于选购美白产品，是否能给到一些建议？以及应当如何使用才能真正有效美白？

A：一般想要美白的女孩子往往只是买一堆单纯美白的美白产品，而忽略了保湿的重要性，其实这是大错特错的。保湿是一切肌肤护理的先决条件，只有做好补水工作，皮肤才能更好地吸收各类保养品。在美白的时候同样如此，肌肤喝饱水，才会更有利于美白产品的吸收。所以要想改善肤色，应先把补水保湿做好，就像盖房子，地基很重要。选择美白产品一定也要看其保湿度，最好选择兼具美白和保湿两项功效的美白产品。另外，一般需要持续45—60天，才能真正看出美白产品的美白功效，对于心急如焚的美白一族而言，含有高浓度高剂量的医学级美白成分的美白产品是不错的选择，但使用这类产品时一定要注意：不要在白天使用，以免阳光照射刺激，正确的做法是在晚上使用；同时，还得看自身皮肤的情况是否可以承受得起如此够力道的美白成分（易敏感肌肤不适合使用此类高浓度美白产品）。

Q：我的皮肤又泛红了！皮肤好薄，风一吹更容易泛红，好可怕！……为什么秋天的皮肤总爱“撒娇”闹别扭、让人一筹莫展？

A：皮肤泛红，是因为皮肤太缺水了！缺水的皮肤，细胞活力下降，老废角质无力自然脱落，又干又硬地堆积在皮肤表面，既抑制了表皮细胞的新陈代谢，又会阻碍保湿产品的吸收，让人怎么保湿都还干。干燥天气，很容易令皮肤的水分和胶原蛋白都大量流失，即使从没有使用精华的习惯，这时也至少应该添加一款修护精华，深层修护一下肌肤。修护精华能及时让皮肤中的胶原蛋白更充实、更新鲜，为真皮层的“大水库”提升水位，由内而外地润泽、紧致皮肤，改善易“娇弱不安”的耐受性差皮肤，并逐渐恢复28天肌肤的健康新陈代谢周期。另外白天使用精华素，肌肤的吸收力不强，比较浪费，为了发挥最大作用，应在晚间使用。

Q：在读大学的时候，我就发现我眼部有细纹，也不知道什么时候开始有的。很烦恼，笑了之后细纹更明显，都不敢照镜子仔细看自己的眼睛了。以前一直觉得自己的皮肤还可以，不怎么注意保养，现在，后果很严重！

A：面部最薄弱的皮肤是眼部周围，无论外在或身体内部问题对皮肤的损害，首当其冲的便是双眸。眼部皮肤范围很小，却能产生如干纹、黑眼圈、眼袋、浮肿等繁多的皮肤问题。当眼部出现干纹时证明肌肤已经出现严重缺水现象，此时不但要为肌肤补充大量水分，也要提高肌肤锁水能力。可以从以下两方面进行眼部肌肤护理：

❶ 保湿眼部精华+眼膜，双管齐下才能解救眼纹

眼角的细纹是让人瞬间衰老5岁的罪魁祸首，产生细纹的原因主要是水分不足，其次是油脂不足。眼周皮肤缺少皮肤油脂腺，油水平衡很容易受到破坏。因此，眼部出现细纹后，选择保湿眼部精华才能及时为眼部肌肤提供水分和油脂补充；同时一周两次眼膜，能够集中给肌肤注入让眼部肌肤健康和润泽所需的大量营养成分和水分，甚至还能起到一定的排毒和急救效果。

❷ 眼部更需要防晒

由于眼部肌肤多缺少脂肪层，比面部肌肤薄弱得多，所以紫外线对眼部肌肤的伤害更大，也是造成眼周细纹生成的主要原因。给眼周肌肤选一款质地轻盈的隔离产品，它能帮助眼部肌肤有效抵抗空气粉尘和紫外线辐射，还能减轻眼妆产品对眼周肌肤造成的负担。

Q：最近看了一篇美容报道，说肌肤如果在25岁开始不注意保养，会老得快。我今年26岁，已经感觉皮肤松松垮垮的，整个人看起来无精打采，难道这是衰老的症状？听说善用抗氧化精华，可以抗衰老，是真的吗？

A：女人的皮肤在25岁之后开始变化，最明显的是紧致和弹性开始变差，而这，也是肌肤老化的开始。造成松弛的原因有三方面。首先是细胞与细胞之间的纤维逐渐退化，令皮肤失去弹性；其次就是皮下脂肪流失，令皮肤失去支持而松垂；最后还有一点是其他因素，比如地心引力、遗传、精神紧张、受阳光照射及吸烟等使皮肤结构转化，最后使得皮肤失去弹性，变得松弛。

抗氧化是近年来美容界比较热的一个词，但美容菜鸟们可能对它还比较陌生，其实抗氧化就等同于防衰老。氧化是肌肤衰老的最大威胁，饮食不健康，日晒、压力、环境污染等都能让肌肤自由基泛滥，各种所谓的抗老抗氧化成分，很多就是针对清除自由基而言的，自由基泛滥会产生面色暗淡、缺水等氧化现象。所以无论从健康层面还是从护肤层面，都需要在日常生活中注意抗氧化。人体的抗氧化系统是一个可与免疫系统相比拟的、具有完善和复杂功能的系统，机体抗氧化的能力越强，就越健康，生命也越长。许多抗氧化成分如绿茶里的多酚成分和辅酶Q10，可以抑制细胞过氧化反应，减少自由基的生成，保护SOD活性中心及其结构免受自由基氧化损伤，提高体内SOD等酶活性，具有显著的抗氧化、延衰老的作用。

Q：最近两个月，我的肌肤出现了明显的异常，肌肤像风干的橘子皮一样，毛孔为椭圆形毛孔粗大，同时肌纹较明显，很是着急。听说柔肤水有很好的保湿效果，可以让肌肤“喝饱水”，我应当怎样使用柔肤水才能更有效果？

A：是的，柔肤水卓越的保湿效果，已经被越来越多的爱美女性所证实。最新的补水护肤理念是：首先利用柔肤水让肌肤“喝”饱水，然后再进行锁水保湿。在日本，女性甚至会在不同的皮肤部位使用不同的柔肤水。在使用上，很多品牌都强调了“拍”柔肤水。这是因为亚洲人的皮肤比较细腻，毛孔较小，一定要多多拍打，才能让柔肤水有效地渗入和吸收。更速效地使用柔肤水的补水方法，则是用纸面膜或棉片像面膜一样“水敷”柔肤水。柔肤水具有吸湿性，还有调节皮肤酸碱值，维持角质细胞正常运作的天然保湿因子，但需要注意的是，柔肤水不会在皮肤表层留下保护膜，只能起到补水的作用，所以使用完柔肤水后，一定要再使用锁水产品，加强保湿。

Q：面膜是我的至爱，尤其喜欢面膜取下后，肌肤水水嫩嫩的感觉，看来面膜对于肌肤保养是有很大的益处的，所以我选择天天使用面膜，这样应当没什么问题吧？

A：面膜是护肤品中的“大餐”，虽然效果很好，但除非有特别要求，原则上不能天天使用。有些面膜有明确标示的周期，比如5天一疗程，或是10天3片。大多数面膜敷的次数过于频繁很容易造成肌肤敏感、红肿、痘痘等不良症状，还会令尚未成熟的角质失去抵御外来侵害的能力。

若想达到最佳效果，应该严格遵守面膜的使用频率，即每周2—3次就够了。不然再好的“美食”，吃多了也会“营养过剩”！当然，如果是特殊情况下救急，任何时候都可以使用。

Q：敷完面膜之后会感觉到肌肤明显变好，又嫩又亮的肌肤让自己非常喜欢。肌肤这样好的状态，还需要再擦其他护肤品吗？

A：千万不要觉得敷完面膜就万事大吉了，其实，面膜之后的护肤步骤也是非常重要的！特别是贴片类面膜中的精华多为水溶性成分，由于不含锁水的油脂成分，如果敷面膜后没有涂抹任何保养品，那么精华成分很快就会挥发，反而造成肌肤发干。所以敷脸之后一定要擦一些乳液，将面膜中的精华成分牢牢地锁在肌肤内。在涂抹乳液等护肤品的时候，做适度的按摩，吸收效果会更好。

如果觉得用了面膜再用乳液太厚重，不舒服，可以先按摩到面膜精华完全吸收，或是用湿纸巾轻轻擦掉多余的精华，再用保湿乳液锁住水分。

Q：面膜已经够滋润了，而且完全可以覆盖到眼部肌肤，总感觉再特别使用眼膜，显得既多余又浪费。

A：眼部肌肤的厚度只有正常肌肤的1/4，比脸部肌肤脆弱得多，面膜中的营养成分过于“丰盛”，会对眼部薄弱的肌肤造成刺激和负担，容易产生脂肪粒等肌肤问题。因此，若想加强眼部护理，建议使用专业眼膜。敷眼膜的位置要精准，片式眼膜建议最佳距离是眼睛下面3毫米处，这样既能达到保养效果，也不会令眼膜中的精华液刺激到眼睛。

Q：敷上面膜，就感觉有源源不断的营养与水分输入肌肤，感觉特别舒服，不舍得取下，而且不想浪费面膜中的精华，所以我喜欢让面膜停留在脸上的时间加长。

A：大多数面膜的使用说明书上都明确标有敷面膜的时间，一般为15—20分钟，在这个时间段里，肌肤会吸收面膜中的营养成分，超过这个时间就有可能令肌肤的水分倒流（睡眠面膜除外）。除此外还要注意，在敷一些营养成分比较丰富的面膜时，一定不要因为怕面膜中的营养液被浪费而敷用过久，时间过久，会导致面膜中的残留成分阻塞毛孔，不利于肌肤呼吸，还容易引起肌肤敏感。建议不舍得浪费面膜的MM，可以把多余的面膜精华涂在颈部、手部或身体其他需要滋润的部位。

Q：一个夏天的辐射让我又黑了不少，好烦恼啊！想再买些美白的贴片类面膜来试试，以前也接触过一些短期就可以美白的产品，但有点害怕会有副作用。是否可以放心使用美白面膜呢？

A：经过一夏的日晒，“让自己白回去”的确是很多女性秋冬护肤的重点。使用美白面膜可淡化已经形成的雀斑和黑斑，也可预防后续色斑的出现，但不可能让这些色斑真正消失。选用贴片类美白面膜，建议选择目前比较主流的蚕丝质地的美白面膜，因为蚕丝质地更能与肌肤紧密贴合，令面膜中的美白精华液充分输导入肌肤深层，同时蚕丝中含有80%的蚕丝蛋白，其中的亲水性基团可以有效帮助皮肤保持水分，防止皮肤干燥。敷美白面膜之后涂抹上美白精华和美白乳液，会使后续的美白效果更有效。正规厂家出品的美白面膜产品，都已做过过敏测试，只要你的肌肤不是敏感肌肤，都可放心使用。

CHAPTER 10

护肤达人简单速效省钱美肤诀窍

美容护肤是女性一生的事业，然而当肌肤出现各类问题时，我们却变得不知所措，心情郁闷。事实上，只要学习一些护肤技巧，美肤就能变得简单而有效。本章节特别收集了一些护肤达人的省时省力省钱美肤小诀窍，看看她们用什么样的小妙招轻松化解肌肤问题。

01 17分钟唤回熬夜美肌

1.逃离彩妆

快速通道——卸妆油

无论多完美的彩妆，在一天结束后便会成为肌肤的负担。脸部残留的彩妆会引起肌肤再生周期紊乱，导致黑头、色斑、青春痘、肤色暗淡等问题，所以洁肤前的卸妆必不可少。卸妆油是一种加了乳化剂的油脂，可以轻易与脸上的彩妆油污融合，再通过水乳化的方式，冲洗时将脸上的污垢统统带走。

2.彻底清洁

快速通道——洁面皂

卸除彩妆之后的步骤就是洁面。目前，洁面产品的复古之风，令一度备受冷落的洁面皂，再度受到MM追捧。洁面皂具有很强的吸附污垢的能力，用泡沫包覆残留于肌肤的污垢，可以全面清洁肌肤。为了保持健康肌肤，一定不要忘了在卸妆后认真洗脸，切实做到双重洁面。

3.深度净化

快速通道——爽肤水

爽肤水的作用就在于再次清洁并恢复肌肤表面的酸碱值，调理肌肤角质层，使肌肤更好地吸收后续保养品。所以洗完脸之后，使用爽肤水，可以迅速补充水分，令肌肤更健康、清爽与光滑。如果感到脸部肌肤紧绷不适，只要在脸上轻轻多拍几下爽肤水，足以立刻“喂饱”饥渴的皮肤。含芦荟、氨基酸、山梨糖醇等成分的爽肤水，能更有效地即时保湿，令皮肤不紧绷。

4.速效醒肤

快速通道——焕采面膜

给肌肤做一个活力焕采面膜，是一种快速放松肌肤与恢复精神的好办法。一般具有活力焕采功效的面膜都会有各种植物的芬芳，在10分钟贴敷面膜的时间里，这种怡人的芬芳，能够帮助“Party动物”焕活暗沉肌肤，令肌肤迅速回复水嫩透白。

5.急救黑眼圈

快速通道——去黑眼圈眼霜

去黑眼圈眼霜能有效刺激眼部肌肤的微循环，消除因熬夜造成的黑眼圈，维持眼部肌肤的光彩与匀称，同时还能加速眼部肌肤代谢老化角质细胞的能力，呈现清新透亮的明眸。

6.强度滋润

快速通道——修护精华液

精华液通常可比拟为肌肤的“补品”，内含各种肌肤所需成分，可同时解决干燥、粗糙、暗沉、细纹等问题。当肌肤面临熬夜、长期压力、地心引力等挑战时，精华液当中的浓缩成分可在短时间之内，以加倍的速率渗透至肌肤底层，给予细胞养分与能量，挽救肌肤危机。

7.锁住水嫩

快速通道——保湿霜

保湿霜有倍润丰盈的保湿滋润特点，是日常肌肤护理中的最后一道工序。一款兼具保湿力与滋养力的面霜，不仅能促进精华露的吸收，而且能保证核心保湿成分持久发挥作用。它针对干燥肌肤进行密集型的水分补充，促使肌肤饱满、水润，减少水分流失，改善因缺水而变得粗糙的肌肤问题，使肌肤完美呈现细腻、盈润。

02 13分钟隐形毛孔，重塑光滑娇嫩肌肤

1.收缩毛孔

快速通道——冷热水交替洗脸

用热水湿脸并洁面，冲洗干净洁面产品后，用冷水再冲洗面部，冷水的水温能在一定意义上起到收缩毛孔的作用。用冷热水交替洗脸，可促进皮肤血液循环，有利于毛孔收缩和保持肌肤弹性。

2.双重清洁

快速通道——卸妆油+洁面乳

随着年龄的增长，血液循环逐渐变得不顺畅，毛孔就会逐渐出现松弛性的粗大问题，加上外在环境的侵蚀，毛孔被油脂和污垢阻塞，所以清洁时，可先用卸妆乳或是卸妆油倒入掌心，点在面上，轻轻推至全脸，再用洗面奶清洗一次，这样就能排除油脂及污垢，达到彻底洁净的效果。

3.深层净化

快速通道——深层清洁面膜

天然矿物泥成分能有效清除面部油脂污垢、去除肌肤老化角质及平衡油脂分泌。使用收敛毛孔功效的天然矿物泥面膜敷脸，连毛孔深处都得以干净清爽，可以为之后的保养步骤打好基础。在清洗的时候，边冲水边按摩，利用水流来净化毛孔。

4.收敛毛孔

快速通道——化妆棉+收敛型化妆水

将化妆棉蘸满有收敛效果的化妆水，特别敷于毛孔最容易粗大的部位以及鼻子周围。不要以为化妆水只能做日常保养，其实用化妆水急救敷面膜做密集型保养，效果也一样很棒。浸透化妆水的纸膜敷在脸上，纸膜上的水分慢慢渗透进肌肤，肌肤喝饱了水，就可以提升肌肤保湿度与角质层抵抗力，令肌肤组织结构饱满有弹性，肌肤滋润后，毛孔自然就会变小许多。

5.加强保湿

快速通道——保湿型化妆水

洗脸之后再用保湿型的化妆水再轻拍一次，并且将化妆水轻轻按进肌肤，促进肌肤吸收。维持肌肤的水油平衡是隐形毛孔的关键，内含玻尿酸、骨胶原蛋白质等高保湿成分的保湿型化妆水，可渗透到肌肤各处，在调节肌肤纹理的同时提高肌肤自身功能，持续滋润，帮助后续保养品吸收。特别适合干性及脆弱敏感性肌肤使用。

6.隐形毛孔

快速通道——抚平毛孔霜

抚平毛孔霜通过先进配方来抚平细纹和皱纹产生的凹陷，改变光线反射特性，降低由细纹、毛孔导致的皮肤光学对比度，瞬间隐形毛孔，持续使用，能减淡固有皱纹，帮助肌肤由内而外修复纹理。

03 15分钟抢救晒伤肌

1. 随时降温

快速通道——保湿喷雾

日晒后，必须先降低肌肤的表面温度，保湿喷雾可以随时为肌肤补充水分，帮助肌肤强化对外的防御力，同时安抚及舒缓受伤的肌肤，帮助修护受损细胞、恢复细胞活力，达到清新安抚的目的。经常使用可使肌肤调理成稳定状态，并能快速导引营养成分进入细胞底层，使皮下水分保湿度达到最佳状态，加强后续保养品的吸收效果。

2. 温和洁面

快速通道——温水洁面+温和不刺激的洁面品

当晒伤肌肤处于舒缓期时，肌肤护理除了温水洁面外，还可以选择一些温和不刺激的洁面品，如含紫丁香、甘菊等舒敏成分的洁面品。这些舒敏成分，可以缓解肌肤的不适症状，保湿、舒缓调理肤质，能有效解决肌肤晒伤问题。

3. 镇静舒缓

快速通道——舒缓面膜

晒后肌肤最明显的特征就是会发红，其实发红的肌肤并不是一味地降温就可以恢复的，我们需要给肌肤长时间的镇静和安抚，缓解日晒给肌肤带来的各种负担。所以我们要选择一款舒缓面膜，特别是含有保湿成分的舒缓面膜，对于肌肤的镇定效果是乳液等产品无法比拟的，其保湿滋润成分，可降低晒后肌肤黑色素分泌，持续镇定肌肤。敷完冰凉面膜之后会感觉到脸上变得凉凉的，脸上泛红的现象也会渐渐消失。

4.密集修护

快速通道——修护保湿霜

要想使晒后肌肤能够很快复原，那么修护就是一项必不可少的工作。修护保湿霜，因为其亲脂性的特点，能将保湿成分带入肌肤深层，滋润锁水，特别适合日晒后的缺水肌，可以加强补水保湿效率。只有做到肌肤水油平衡才能提高肌肤的耐受性，让肌肤面对环境温度、湿度改变的刺激时，有足够的抵抗力。每天早晚使用，可以使肌肤的修复能力再生，令晒伤的状况逐渐减少。

04 10分钟打造约会美白肌

1. 去除黑旧角质

快速通道——去角质

随着年龄的增长，部分黑色素会随着肌肤细胞的更新，逐渐代谢到角质层的最外层，一旦堆积，肌肤便会暗沉、无光泽，白皙肌肤自然遥不可及。温和去角质产品配合柔和的按摩，能除去废旧的老死细胞，让毛孔畅通无阻，增强肌肤的吸收能力，辅助肌肤新陈代谢，是美白焕肤的首选！

2. 美白洗颜

快速通道——净白洁面乳

当彩妆在肌肤上停留一段时间后，会与皮肤油脂及灰尘等混杂在一起形成污垢，然后氧化变质。如果洁面不彻底，污垢残留在脸上，会导致肌肤暗哑无光。想要拥有亮白光彩肌肤，清洁是第一步。蕴含多种美白植物成分的洁面乳，在深层洁肤的同时，能有效抗菌，清除体内自由基，抑制络氨酸酶，阻断黑色素的生成，提高肌肤美白力。

3. 深层美白滋养

快速通道——美白面膜

长时间使用电脑，肌肤受到电脑辐射，肌肤基底层的黑色素加速聚集，时间久了，色素沉着就会形成斑点，令黑斑骤增。为摆脱色素沉积，并在短时间内给肌肤净白改观，就需要日常护理与加强护理双管齐下。不妨使用美白面膜对肌肤进行加强护理，利用面膜中大量的美白精华，令肌肤得到强力吸收与渗透，使肌肤在短时间内得到显著改观，回复水嫩透白。

4.提升美白力

快速通道——美白去斑精华液

含有美白成分的美白去斑精华液可以为肌肤“开胃”，使后续享用“美白主菜”的食欲能力更佳，提高后续保养渗透力！美白去斑精华液的美白精华更浓缩，更丰厚，可以直接渗透、修护受损的色素细胞，无间断持续淡化、还原黑色素，并全天候提升皮肤的美白机能。

5.封锁嫩白

快速通道——亮白霜

一方面亮白霜蕴含的美白成分令肌肤更嫩白、更水润，由内而外散发出白里透红的健康光彩；另一方面其高度润泽保湿配方，让肌肤柔软滋润，更加强美白精华液的功能。耐心使用能让斑点明显变淡，肌肤变得透明而滑润！

6.美白全方位

快速通道——隔离霜

外界刺激无处不在，预防也要滴水不漏！秋冬的紫外线虽不如盛夏猛烈，但各种外界刺激也会使肤色变深。这些刺激还会深入肌肤，使肌肤更加脆弱。如何不让肌肤弹性在紫外线的蚕食下稍稍溜走？那就一定要为自己打造一件“金钟罩铁布衫”——隔离电脑辐射、紫外线、光污染等外界对肌肤造成的伤害。全方位的美白隔离防晒，能令肌肤及时恢复细嫩光滑。

05 轻松去除脂肪粒小妙招

1.清爽型眼霜“按掉”脂肪粒

很多人都认为脂肪粒的产生，是因为使用眼霜造成的，不使用眼霜就能够预防和去除脂肪粒了。可是事实并不是这样的，想要去除脂肪粒，一定要使用眼霜。眼霜可以使眼部周围肌肤保持滋润，减少微小创口的产生，从而减少脂肪粒产生的几率。只不过，在使用眼霜时，应当挑选一些质地轻盈，无油配方，为眼部肌肤提供迅速、深层保湿作用的啫喱状眼部保养品。它能够集中为眼部肌肤注入大量水分，舒缓眼部，补充并恢复眼部肌肤的水分平衡。坚持保持眼周湿润，脂肪粒便会慢慢自然脱落。

2.温和磨砂“磨掉”脂肪粒

如果你是容易产生脂肪粒的皮肤，表示皮肤的新陈代谢有些缓慢，你可以定期使用温和去角质产品，来加强对老化角质的及时清理，让新陈代谢正常化。用含极细微粒子的面部专用磨砂膏来轻轻按摩，坚持几天后，脂肪粒就会渐渐消失。如果是脂肪粒比较大的话，消失的周期就会比较长。

3.金霉素软膏“擦掉”脂肪粒

金霉素软膏，是一种眼药，适用于浅表皮肤感染。主要用于治疗脓疱疮等化脓性皮肤病，轻度小面积烧伤及溃疡面的感染。金霉素软膏擦在脂肪粒上，慢慢地脂肪粒就会被皮肤吸收。对于刚刚长出来的脂肪粒很有效果，晚上睡觉的时候涂抹金霉素软膏，第二天就明显小了很多，但是对于几年的脂肪粒效果不大。

4.含有水杨酸的洗面奶“洗掉”脂肪粒

对于已产生很久的脂肪粒，则要使用一些含水杨酸的洗面奶。水杨酸是一种脂溶性的有机酸，可以轻松瓦解肌肤表面多余的皮肤油脂，同时抑制皮肤油脂过量分泌，对于因皮肤油脂阻塞形成的角栓、痘痘也有较强的溶解作用，能改善毛囊壁不洁净的状态，帮助皮肤油脂从毛孔中顺利排除，同时借由抑菌的特性快速让痘痘变干。

水杨酸可以溶解角质间的物质，使角质层产生脱落，能去除积聚过厚的角质层，废旧角质脱落的同时，也令脂肪粒自然脱落。

5.好习惯“去掉”脂肪粒

脂肪粒的出现其实就是皮肤表层的油脂分布不均匀，脂肪代谢紊乱造成的，加上平常的眼妆、使用营养过于丰富的眼霜，加剧了这个情况，让脂肪粒爆发出来。因此可以从内部调节减少脂肪粒。平常多喝水，保证适量运动，促进身体的血液循环，加速肌肤的新陈代谢，有助于去除脂肪粒，同时还可以预防脂肪粒再生，让肌肤变得润泽柔滑。

06 塑造Q弹美肌省力3技巧

都说年龄是女人的秘密，而随着年龄的增长，不但身体肌肤变老，脸上的肌肤也会变老！这个时候，女人的年龄不再是秘密，因为你的肌肤暗淡、松弛，有细纹、色斑，这些衰老的迹象已经暴露了你的年龄。不要等到老的时候再来抗衰老！

抗衰老就从今天做起，早做一天，肌肤年龄减一天，想要保持年轻肌肤，面部提拉紧致不能忽略，看看下面介绍的紧致美肌技巧吧，只要掌握正确的护肤方法，重塑Q弹美肌不是梦！

1.嘴角肌肤紧致技巧

❶ 从嘴角开始往耳朵方向向上拉提。❷ 下巴的位置也不要忘了要做好紧致的工作。❸ 最后将容易松弛的左右两侧嘴角由下往上拉提。

2.额头肌肤紧致技巧

❶ 从眉心往太阳穴方向按摩。❷ 针对最易长出皱纹的眉心部位往上拉提按摩。❸ 最后从眼下—太阳穴—额头以画圆的方式来按摩。

3.消除法令纹技巧

❶ 在全脸保养完后，将抗老精华加强涂抹在两侧法令纹的位置，可以利用转圈按摩的方式来涂抹。❷ 先利用掐捏的方式将法令纹做捏取的动作，约10秒后，再利用指腹弹来弹点纹路位置。使用抗老精华后，再配合按摩手法拍点在松弛部位，这样肌肤的紧致效果更好。

07 洁面乳中加入少许蜂蜜，轻松打出更多泡沫

洁面乳中细腻的泡沫能深入毛孔，洗净皮肤的污渍，彻底清除化妆品、老死的角质层和阻塞的毛孔。普通洁面乳用的是泡沫剂，所以能打出很多泡沫。泡沫剂是碱性的，而人体皮肤是弱酸性的，会有损皮肤。而且人体皮肤表面有一层弱酸性的天然保护膜，叫皮肤油脂膜。它可以阻挡细菌入侵，自然养肤，对皮肤的重要性是不可忽视的。但是碱性会破坏这层弱酸性皮肤油脂膜。一旦破坏，皮肤很容易受到外界刺激侵害。

现在市场上许多不含皂基的新兴洁面乳，为保护皮肤油脂膜，都采用低泡沫剂，所以很难打出丰厚的泡泡。但是没有泡沫的洁面乳总让人感觉洗不干净皮肤。那么，如何能令洁面乳既保护皮肤，又有丰富的泡沫呢?

有一个非常简单方法介绍给大家。首先，像平常一样将洁面乳在手上搓出泡沫。接着加入1—2滴蜂蜜，泡泡立刻变得又多又细。手法也很关键。取少量洁面乳放在手心，加少量水，用手指腹快速打圈，就可以出泡沫了。除了能打出更丰富细腻的泡泡，蜂蜜含有的大量能被人体吸收的氨基酸、酶、激素、维生素及糖类， 可改善营养状况，促进皮肤新陈代谢，增强皮肤的活力和抗菌力，减少色素沉着，防止皮肤干燥，使肌肤柔软、洁白、细腻，并可减少皱纹和防治粉刺，起到理想的养颜美容作用。

08 白醋去油光，向“油田肌”say bye-bye

很多MM本身不是油性肌肤，但是每到炎热的夏天就会有油性肌肤的问题困扰。大量分泌的油脂粘在脸上，脏兮兮的，实在难看，尤其是晒后的肌肤，出油现象更是明显。脸上油光满面让肤质看起来十分糟糕，而且这些油腻还会带来黑头、毛孔粗大、痘痘等各种面部肌肤问题。虽说用洁面皂可以帮助去除面部油光，但可持续的时间非常短暂。

那么，有没有省钱又省力的好办法，让“油田肌”能够得到有效改善呢？不妨试试用白醋去除面部油光。具体做法：在30℃左右的半盆温水中，倒入一瓶盖的白醋，搅匀后用来洗脸，坚持两个星期左右，肌肤油腻会得到有效控制。

为何白醋能去除面部油光？这是因为白醋的弱酸性有利于软化角质层，使局部皮肤不利于细菌生长，特别是对于爱长痘痘的肌肤，每天用弱酸性的温水洗脸，能起到防治作用。白醋洁面可避免皮肤的紧绷感，同时还可避免伤害角质层。但是，对于出油特别厉害的肌肤来说，白醋的去油污能力可能还不够，所以不妨每周再使用清洁面膜进行深层的去油污护理，两者相互配合使用，去除面部油脂效果会更好。

09 妙用牙膏去黑头，彻底告别草莓鼻

韩剧的风行让我们见识到韩式浪漫爱情，也让我们对女主角白皙无瑕的肌肤暗自羡慕，尤其是她们小巧的鼻子，就算是特写，也依然细腻不见一点毛孔。但现实中，很多MM因为鼻子上的黑头大为苦恼，鼻子上的黑头黑乎乎的，很影响美观，用过好多去黑头产品都没有效果，总是今天用了明天就又出来了，而且还越来越多。

其实，你大可不必花钱买一些昂贵的去黑头产品，只要使用一点纯白色的牙膏就可以帮助你有效去除黑头。需要注意的是，尽量挑选具有天然植物成分的温和型牙膏，避免皮肤受到不必要的刺激，涂抹鼻子直到完全覆盖肤色为止，清凉的感觉消失后用水冲洗干净即可。

具体步骤：

❶ 首先，用热毛巾敷面，让毛孔自然张开，这样有利于深层清洁毛孔。

❷ 用洁面乳清洁面部，然后挤出小量牙膏涂在T区或鼻子上长有黑头的部位，并将其均匀推开，涂至见到全白色为止，这时涂有牙膏的地方会出现一种冰凉的感觉。

❸ 等待10分钟左右，所涂之处冰凉感消失，然后用清水将牙膏冲洗干净即可。

注意事项：

❶ 涂上牙膏之后，尽量保证鼻子的湿润状态，不能等到牙膏完全变干了再清洗，更不能过夜第二天再洗，因为牙膏中含有氟化物，刺激性较大，时间久了容易损伤皮肤。

❷ 用牙膏去黑头的方法不能天天用，一个星期用一次就足够了，因为去完黑头之后，皮肤的角质层很脆弱，需要一段时间才会恢复，所以使用次数不能太过频繁。

❸ 皮肤过敏或者是长有暗疮的MM不能使用，不然会造成皮肤感染。

❹ 清除完黑头之后，一定要记住涂上收敛水或柔肤水，做好后续保湿工作，这样才能尽量避免黑头再次出现。

10 正确保存护肤品，“保鲜”更有效

要将护肤品的功效发挥到极致，保存得当很重要。很多女性都会花大笔银子购买护肤品，但在护肤品的保存上却马马虎虎。如果护肤品保存不当，一方面会致使护肤品中的成分变质，使用后易造成肌肤过敏，需要花费精力与财力去医治“受伤”的肌肤；另一方面，保存不当也会缩短护肤品的使用寿命，金钱损失显而易见。所以，学会正确保存护肤品，亦是省钱省力之道！

护肤品的保存，应当遵循以下六点：

❶ 避免光照和高温。光照和高温都会加速护肤品成分的变化，从而引发变质。因此，护肤品购买回家后，应尽量放在干燥通风、温差变化较小且无光线直射的地方，切忌放在潮湿、高温或阳光直射的环境中。

❷ 避免细菌的滋生。要避免细菌入侵，使用产品前要洗手，用后要盖紧瓶盖。尽量使用一些专业的护肤小工具，例如专业的挑棒或卫生棉签，可有效避免二次污染的产生。

❸ 不要过早丢弃护肤品的外包装纸盒。裸露的产品更容易受到光照的伤害，所以使用护肤品时，也应当保留护肤品的外包装纸盒。

❹ 不要去掉用来保持产品密封性的密封垫片。密封垫片用来完全密封瓶口和保证膏霜表面层滋润，具有阻隔性。

❺ 不要使用保存期超过两年的未开封的护肤品。护肤品的使用期限取决于其中的保质剂成分，也就是我们传统上叫作“防腐剂”。现在护肤品大多分成两类：一类是完全不添加防腐剂成分的，这类产品完全密封、容量小，有效使用时间短，通常要求在一年以内使用完。另一种是含有少量防腐剂的，这类产品稳定

性佳，易于保存，在未开封的情况下两年内使用，其活性成分的效果最佳，时间越长，效用越低。

⑥ 每年换季后没有用完的护肤品，像乳液、化妆水之类的产品，使用含酒精的化妆水清洁瓶口，然后旋紧瓶盖，将其装回原包装盒中，避光保存。

想要护肤品“保鲜”更持久，应当学会四个挑选窍门：

❶ 小容量包装更“新鲜”。选择小容量包装的护肤品，每次用量正好足够你三个月内的美容所需。这样，总能够保证其“新鲜度”，产品功效也更有保证。

❷ 双管设计更科学。有很多成分一经混合，将会不够稳定、容易氧化，其效用自然大打折扣。因此，一些护肤品牌研制出包装瓶的双管设计，将容易发生氧化的维生素C或维生素A保护起来，仅在使用时同时挤出两种成分，用多少，混合多少。包装瓶的双管设计保证了顾客能够用上最新鲜的产品，现用现混，非常方便。

❸ 按压泵头更卫生。按压泵头的瓶口能避免产品本身与空气的大面积接触，就像一个气泵，只要轻轻按下，通过泵式原理将产品挤出，挤出的产品不能够再流回瓶中，便能保证没有空气、细菌可以进入包装瓶中。

❹ 先进包装材料更安全。随着化妆品包装设备技术的发展，不再仅仅是玻璃或者塑料的包装占据主流位置，复合材料的运用，加上多层设计，使得瓶中的产品绝对接触不到日光、高温和空气，安全地被隔离，避免护肤品氧化，更易长期储存；另外，通过糅合不同种类的物质，在外观上获得了奇妙的视觉效果和独特的手感。

11 变废为宝，临期、过期护肤品妙用

很多MM都有这样的烦恼，囤了一大堆护肤品，用了发现不喜欢丢到一边，或者是太多了根本用不过来，一不留神就发现有效期快到了，甚至已经过期。使用过期护肤品非但不会美容，还有毁容危险，但丢掉了又觉得可惜，怎么办呢？下面就教大家一些护肤品再利用法，让临期、过期的护肤品也能变废为宝！

临期化妆品妙用：

临期洁面乳变身洗手液。洁面乳比一般洗手液要细腻，而且要滋润。用洁面乳洗手，洗得干净而且保湿滋润，用的频次也多，一支洁面乳洗手洗不了几次就没有啦，绝对不会放过了期。

临期面霜变身身体乳。需要滋润的不仅仅是我们的脸蛋，还有我们的身体。面霜马上就要到期，或者刚刚过期，但还没有变质，都可以用来滋润我们的身体。比较干燥的小腿和手肘可以反复多涂抹几次。

临期化妆水变身面膜。将化妆水倒于面膜纸上，敷10—15分钟，比保湿面膜还补水。一方面，由于化妆水质地轻柔，更容易被皮肤吸收，比保湿面膜效果更快捷；另一方面，化妆水可以完全渗透皮肤，无须清洗掉，可以省去清洗的程序，让护肤程序更方便。

临期清洁面膜变身体膜。有些清洁面膜很大罐，用来敷脸总是很难用完。不如用来敷敷背或者身上其他容易毛孔阻塞的地方（比如上臂外侧），这样可以保证你的全身都会细腻光滑，毛孔通畅。

过期化妆品妙用：

过期爽肤水变身清洁剂。多数爽肤水都含有酒精，对于这类过期或已经不用的爽肤水，最好的用途就是把它们变身为清洁剂。含酒精的爽肤水可以用来清洁梳妆台，擦油腻的餐桌、瓷砖，甚至是抽油烟机。用棉布蘸上一些爽肤水擦过之后，再用干净的抹布过一遍，顿时清洁一新。如果是含有保湿成分的化妆水，还可以用来擦皮鞋、皮包以及皮质沙发。

过期洁面乳变身润滑膏。过期的洁面乳妙用可不少呢。如果你有男友或老公，可以把过期的洁面乳交给他们，让他们在剃须时当作剃须膏使用。而当你在准备除去腋毛和腿上的汗毛时，也可以先涂上过期的洁面乳加以润滑。过期的洁面乳还可以用来洗手、洗脚、洗衣袖、刷旅游鞋等。

过期乳液变身指甲养护液。对于过期的乳液，很多人的第一反应都是用它们来擦身体。其实，还有一个用处，比你用它来擦身体效果还要好。我们可以拿过期的乳液来护理指甲，方法是：先将手洗干净，然后用小块的化妆棉蘸满乳液，包裹指甲15分钟后取下，这样可以亮泽指甲，有益指甲生长。而指甲的边缘也不会再有毛刺状况出现。

过期面霜变身皮具护理品。面霜的成分中，油脂占有很大的比例，所以，用过期的面霜来护理皮具是最适合不过的。不管是皮包、皮鞋，还是皮衣，你都可以在擦拭干净后，涂上已经过期的面霜，然后用柔软的棉布把面霜均匀地涂开，之后你就会发现，涂过面霜的地方变得光泽如新。

过期香水变身清新剂。过期的香水可以喷在洗手间、房间、汽车里充当清新剂，也可以为洗完的衣服增加香气，或者用来擦拭灯具，既能去污，又能通过灯具发热帮助香气散发，具有香薰之效。

过期口红变身清洁膏。可以用过期的口红擦拭银首饰，或者修复皮具。将口红涂在餐巾纸上，反复擦拭银器或首饰变黑的地方，就焕然一新了；皮具磨损后露出白色的皮茬口，抹上相同颜色的口红，再涂上一层蛋清就能修复得非常好。

过期洗发水变身清洗剂。过期洗发水可以作为羊毛制品清洗剂、衣领净用。因为洗发水中含有毛发柔顺剂，可使毛衣等羊毛制品柔软清香。还可以清洗衣领、帽子、枕巾等与头发密切接触的衣物。

12 精油——万能美肤油

爱美的女性时常会被肌肤的各种问题所困扰，其实很多常用的精油都具有很好的修复肌肤的功能，只要运用得当，就能够有效且简单地改善肌肤问题。精油常见的美容功效有美白、抗衰老、收敛毛孔、淡化色斑、驱逐细纹、去除疤痕等，选对精油，使用得当，一样能省时省力地解决肌肤问题。

熏衣草VS修复受损皮肤组织

种类：花香类

美肤功效：熏衣草精油能促进细胞再生，加速伤口愈合、淡化疤痕，治疗灼伤与晒伤的功效更是显著。同时，熏衣草精油还可有效改善因油脂分泌过多、内分泌失调或情绪压力引起的痘痘，并兼具消炎杀菌、淡化痘印的功效，是去痘去印首选的精油。

天竺葵VS平衡皮肤油脂腺的分泌

种类：花香类

美肤功效：天竺葵的主要功能在于调肤，天竺葵提取液中的有效成分与天然有机脂具有很强的亲和性。因为它能平衡皮肤油脂分泌而使皮肤饱满，所以天竺葵几乎适合各种皮肤状况。同时，天竺葵能促进新陈代谢，让苍白的肤色回复红润和活力，所以当年龄增长，皮肤很难再维持光彩时，可以用天竺葵来增加皮肤的红润光泽，使皮肤亮泽细腻。天竺葵精油是人到中年不可或缺的一款精油！

洋甘菊VS舒敏修复

种类：花香类

美肤功效：洋甘菊自古就被视为“神花”，它具有非常好的舒敏和修复敏感性肌肤、减少红血丝和调整肤色不均的作用。由于洋甘菊富含黄酮类的活性成分，所以被广泛应用于制造抗敏感类高端护肤品来保护敏感肌肤，市面上很多比较好的去痘产品和美白护理产品的主要成分就是洋甘菊。另外，洋甘菊对晒后皮肤的修复功效更显著。

玫瑰VS美白水嫩肌肤

种类：花香类

美肤功效：玫瑰精油是世界上最昂贵的精油，被称为“精油之后”。玫瑰中的糖具有强大的保湿和锁水功能，对于干燥的肌肤，能够起到显著的保湿和锁水效果，同时，玫瑰中含有的硒、锌、铜等微量元素更能够清除肌肤的自由基，让肌肤恢复水嫩与光泽，让女性拥有白皙、充满弹性的健康肌肤。对干性、敏感性、老化肌肤效果尤其明显。

茉莉VS有效调理改善肤质

种类：花香类

美肤功效：茉莉精油产量极少，因而十分昂贵，被称为“精油之王”。茉莉精油主要的功效是调理改善肤质，可高效保持皮肤的水分和弹性，在皮肤的弹性恢复、抗干燥、淡化鱼尾纹和调理干燥及敏感肌肤方面的效果极为明显。并且具有一定的亮肤效果，属于昂贵而强效的精油。

橙花VS弹性肌重现

种类：花香类

美肤功效：橙花精油最显著的功效是增强细胞活力，帮助细胞再生，增加皮肤弹性，特别是螺旋状的静脉曲张、疤痕及妊娠纹；同时，橙花精油富含多种美白活性成分，在芳香因子的疏导下，能将肌肤内已经形成的黑色素层层导出，并随着老化角质的代谢而排除。在照X光时，亦可用橙花精油来保护皮肤。

葡萄柚VS塑造紧致小V脸

种类：柑橘类

美肤功效：葡萄柚精油能够加速皮肤新陈代谢，促进脂肪的分解，可以帮助皮肤组织去除脂肪团，排出体内过多的水分，是塑造小V脸的“神油”。同时，葡萄柚精油还有助于洁净油脂性和痤疮性肌肤，能改善毛孔粗大和皮肤粗糙的问题，使肌肤呈现细腻光泽。

柠檬VS美白去斑

种类：柑橘类

美肤功效：柠檬精油是世界上最有药用价值的精油之一，它富含丰富的维生素C，且具有天然果酸成分，特别有益于美白、收敛、平衡油脂分泌、治疗青春痘等。对于皮肤上的斑点、细纹也有强大的改善作用，可以说柠檬精油是美白肌肤的圣品。

甜橙VS提亮肤色

种类：柑橘类

美肤功效：甜橙精油具有调理皮质分泌的功效，可保湿抗皱、平衡水油。同时可帮助阻塞的毛孔排出毒素，提亮肤色，淡化各种岁月痕迹，将倦容疲态一扫而光，令肌肤呈现红润光彩。特别适合油性皮肤使用，对于出油、肤色晦暗的皮肤再适合不过了。

罗勒VS温和清洁

种类：香草类

美肤功效：罗勒被称为香草之王，可以温和清理肌肤表皮层，帮助保护毛孔清洁、不阻塞，令毛孔变小，皮肤清爽、洁净、完美无瑕。对预防粉刺与改善松垮、老化皮肤，有意想不到的效果。

迷迭香VS隐匿毛孔

种类：香草类

美肤功效：迷迭香精油是一种历史悠久的香料，它是欧美传统香料之一。迷迭香精油有很强的收缩作用，可以紧缩松弛的肌肤，还可减轻肌肤充血、肿胀的情形。

薄荷VS清除黑头粉刺

种类：香草类

美肤功效：可以调理不洁、阻塞的毛孔，其清凉的感觉，能收缩微血管，舒缓发痒、发炎和灼伤，也可柔软肌肤，对于清除黑头粉刺及油性肤质极具效果。

茶树VS祛痘消炎

种类：木质类

美肤功效：茶树精油具有杀菌消炎的功效，能够有效对抗痤疮丙酸杆菌引起的痘痘，当痘痘处于生长初期到中期那个阶段，出现较为严重的脓包或红肿发炎的时候，就可以把茶树精油直接涂抹在脓肿的痘痘上，其他完好的肌肤不必涂抹。一般1—2天，红肿痘痘就会干瘪了。

丝柏VS收敛紧致

种类：木质类

美肤功效：丝柏精油可收敛及舒缓肌肤，调节油脂分泌，紧缩毛孔，它阳刚般的气味，可以拿来当男性古龙水或刮胡水，因为它的收敛效果很好。使用后，肌肤会前所未有的清爽洁净、盈润亮泽。

13 肌肤养颜好搭档——美颜饮品

也许你天天保养，但效果未必和花费的心血成正比。女人要保持好的气色，单纯通过护肤品的保养是不够的。美容养颜不仅要外在保养，更要内在调养，只有“内调外养”，养颜才能真正有效！

玉竹百合饮（润燥清火）

玉竹，属滋阴养气补血之品，平补而润，兼有除风热之功；百合味甘、性平，能清心除烦，宁心安神，有助平复失眠多梦、心情焦躁等情形。

制作步骤：

❶百合洗净，撕成瓣状；

❷玉竹洗净，切成4cm长的段；

❸粳米淘洗干净，用冷水浸泡半小时，捞出，沥干水分；

❹把粳米、百合、玉竹放入锅内，加入约1000ml冷水，置旺火上烧沸，改用小火煮约45分钟；

❺锅内加入白糖搅匀，再稍焖片刻，即可盛起食用。

四物饮（调经止痛+养血美容）

以四物精华（当归、川芎、地黄、芍药）为基础，调经止痛、养血疏筋。补充铁剂，调理生理期体质，改善经期症状、气血不足、贫血、手脚冰凉、头晕目眩等；美容养颜，调理女性荷尔蒙，让女人更有韵味，为抗衰老之良方。

制作步骤：

❶ 当归、川芎、地黄、芍药洗净，加入3碗水，煎煮成1碗的量，倒出汤汁；

❷ 把残留的药渣，再次倒入锅中，倒进3碗水，煎煮成1碗的量；

❸ 将两次的汤汁混合在一起，分成2碗（温热时喝）；

❹ 分两次喝，饭后半小时喝，一般建议早饭与中饭后半小时喝，吸收更好。

莓果饮（预防肌肤老化）

各种莓果含有丰富的原花青素和多酚类抗氧化物质，对于人体组织具有重要的防护作用，如肌肤细胞的抗氧化和防辐射，能够有效减少自由基的产生或加速其清除，还可与胶原蛋白形成抗氧化保护膜，减少胶原蛋白的流失，改善肌肤的健康状况，缓解每天生活中的压力和环境因素对肌肤造成的伤害。

制作步骤：

❶ 野生蓝莓用淡盐水浸泡5分钟后，冲洗3次；

❷ 取野生蓝莓3—5茶匙，加酸奶1杯，加适量凉开水；

❸ 用搅拌机打成浆液，早晚各喝1杯。

玫瑰果味饮（改善气色暗沉）

玫瑰含高量维生素C，具美白功效及清除自由基、抗氧化能力，有延缓衰老的功效，且玫瑰果中果胶可保持维生素C的天然活性，同时令外用护肤品功效倍增。长期服饮，可令肌肤白皙红润、水盈清透。

制作步骤：

❶ 准备一杯开水，枸杞、玫瑰花瓣洗净待用；

❷ 将枸杞放入热开水内泡5分钟左右；

❸ 杯内开水变温后，放入玫瑰花瓣拌匀；

❹ 最后倒入适量蜂蜜拌匀即可享用。

红枣枸杞饮（补中益气悦颜色）

红枣具有补中益气、滋脾土、润心肺、生津液、悦颜色的功效；枸杞可滋补肝肾、明目，润肺止渴，进而使人面色红润，最适合用来消除疲劳。红枣枸杞都有很好的护肝功效，熬夜族平时也可多多食用，能使皮肤白嫩，有光泽。

制作步骤：

❶红枣去核捣碎，连同枸杞一起倒入锅内；

❷加水煮8—10分钟，滤渣；

❸汁水倒入沏好的花茶中，加500ml冷开水即可。

益母草红糖饮（养肝活血）

益母草含有多种微量元素。硒具有增强免疫细胞活力、缓和动脉粥样硬化发生，以及提高肌体防御疾病功能的作用；锰能抗氧化、防衰老、抗疲劳及抑制癌细胞生成。所以，益母草能益颜美容，抗衰防老。

制作步骤：

❶准备益母草1钱、香附子1钱、红糖适量；

❷将益母草和香附子放入适当沸水中小火煮；

❸5分钟后加入红糖，稍放冷后就可饮用。

樱花饮（恢复粉嫩肤质）

樱花中的樱花苷、樱花素能够帮助肌肤抗氧化，从而达到美白肌肤和局部去黄气的功效，其释放的高效抗氧化能量可有效抑制黑色素的氧化形成，帮助对抗紫外线、辐射等外界侵害所引起的肤色暗沉及色斑等肌肤问题，令肌肤回归白皙匀净的通透质感。

制作步骤：

❶樱花洗净并用盐浸20分钟；

❷豆浆机内倒入牛奶和樱花；

❸再往豆浆机内倒入适量的凉开水或纯净水；

❹按下豆浆机的米糊键；

❺稍凉后放入蜂蜜更佳。

14 购买化妆品省钱攻略

日本购买化妆品省钱攻略

很多MM都知道在香港购买护肤品很便宜，其实自从日元贬值，日本的药妆、化妆品都要比香港便宜些！一瓶高丝洁肤油，日本的价格相当于人民币116元，而香港的价格相当于人民币165元，一瓶的价格相差近50元。在日本购买化妆品、护肤品建议到大商场去买，而彩妆建议到超市、药局连锁店购买。需要注意的是，在购买彩妆的时候一定要看清楚产地，日本原产的小眼影、口红、腮红等，价格一般在500—1000日元（约合人民币30—70元），非常便宜而且好用，但如果是台湾产的同类彩妆品，价格一样，但品质就会差很远。

日本著名的化妆品选购地介绍

大型百货商场

在日本，很多日本本土的大品牌如Ipsa、Fancl、Shu Uemura、Shiseido等高档化妆品都陈列在三越、高岛屋等大型百货商场，在药妆店和超市里是无法购买到的。而一些国际一线品牌的化妆品，如Estee lauder、Arden、Dior、Chanel等，也是只在大型百货商场销售，价格会比在国内便宜10%—20%左右，若赶上品牌做促销，基本上折扣在7—8折之间。

这些大型百货商场基本上是无法讨价还价的，但是你可以想办法办一张VIP会员卡（可以说你以后还会再来购买），你先选购到足够办理VIP会员卡金额的化妆品进行付款，依据付款凭条再进行VIP会员卡办理，然后再用刚刚新办理的VIP会员卡，继续购买所需的化妆品，就可以享受VIP会员卡优惠啦。VIP会员卡购买的化妆品，通常比化妆品官网上购买的价格更便宜。

日本购买化妆品要交5%的消费税， 而且没有退税， 这个不论哪里买都是一样， 但是有些百货公司对于外国游客有5%的优惠活动， 这个需要事先问好。另外，部分百货商场使用银联卡也是不收税的，而使用visa卡之类的，优惠幅度则在9—9.5折之间。

药妆店

一直以来药妆在日本就很便宜，日本的药妆店遍布大街小巷，甚至有超过便利店的趋势。

定位类似国内的屈臣氏。药妆店内主要经营药品、日用品和化妆品，而化妆品主要售卖的是日系品牌。在一般的日本药妆店，都有淘宝上受热捧的JUJU、肌研、SANA豆乳等护肤品，以及知名的品牌DHC、Kosé等。日本药妆店常年折扣都会在6—7折。由于药妆店里的化妆品价廉物美，吸引众多女性光顾，在国内大型百货店销售的著名日系品牌，如Shiseido、Kanebo、Kosé等在药妆店里有更丰富的产品系列可供选择。

首选的药妆店必是大型店，一是因为店铺大，商品陈列丰富；二是大型药妆店经常会有大幅度的折扣，像东京的新宿、涉谷、原宿等地的药妆店，因为竞争激烈常常会打价格战。所以，促销品通常都非常划算，碰到了最好立刻拿下。

由于日本药妆店是开架式的，所以里面几乎所有的化妆品都是可以免费试用的，试用过后再选择适合自己的商品，这样的设置非常人性化。

药妆店新上架货品多半会在门口摆放，虽无换季大折扣，但新货或限定品经常刚上架就被抢光。因为日本药妆店淘汰快，卖不好的产品通常三个月后就会消失。

周末是药妆店大搞促销折扣的黄金时间，平时7折的商品，到了周末可能会被贴上特价6折的标签，但商家只会挑选部分商品实施特价作为卖点，所以不妨多跑几家药妆店比比价格。但是，每家药妆店都可能有不同的特价品，同一家连锁店也常会有不同的促销。所以对于血拼一族来说，前往日本停留时间有限，购物时间也少得可怜，药妆血拼准备要充分（提前准备好购物清单），才不会把宝贵的时间白白浪费掉。

松本清是日本最大的药妆连锁店，也是国人比较熟知的药妆店。常有商品折扣，不过，一般这种优惠都是以组合形式出现的，如买十赠五，买三赠一之类。

当然，除了松本清这样的大型药妆店，还有一些位于地铁站、车站、地下商城等人潮流动频繁地段的药妆店也不容错过，在里面会发现一些折扣更大的化妆品。

韩国购买化妆品省钱攻略

如果去韩国旅游购物，什么最吸引女人的目光？答案就是人气响当当的韩国化妆品了！其实有很多韩国化妆品品牌已经进入了中国市场，无论在网上还是商店都卖得火爆。那为什么还非要去韩国购买化妆品呢？第一，同样的化妆品，在韩国只需要花费在中国三分之一的价格就可以买到；第二，韩国化妆品更新换代非常快，去韩国可以买到最全、最新的韩国化妆品；第三，直接去韩国品牌专卖店购买，不必担心假货的问题，全程无忧购物；第四，与国际大牌相比，韩国本土的化妆品量更多，价格更亲民。

现在，韩国化妆品凭借着超强的人气，已经成了韩国旅游的一大产业之一。在明洞大街等外国游客云集的地方，绝大部分韩国化妆品店已经实行TAX FREE税后退税制度，这就意味着，在韩国不仅能购买到价格实惠的化妆品，更能在每一家化妆品店都实现免税购物！

为了鼓励中国游客使用银联卡消费，韩国很多购物场所经常举办刷银联卡买就送的活动，极大地方便了国内游客的购物过程。

韩国和欧洲一样，每年都有2次打折季，夏季打折季是从5、6月底7月初就开始了，一般持续一个月左右；冬季打折季在12月到1月之间，也是一个月。从百货商场到门市店到处都打折，最难得的是免税店打折，不少免税店都标了20%off。

想大批购物的人，去韩国前最好做足功课，在网上查好想买的产品，尤其要记住品牌的英文名称，通常每种品牌都会有主打产品，也就是口碑比较好的产品，有的放矢才能提高购物效率！

韩国著名的化妆品选购地介绍

明洞大街

明洞大街是首尔的购物天堂。明洞大街是指从地铁4号线明洞站到乙支路、乐天百货店之间约1公里长的街道，各种各样的品牌专卖店、百货店、保税商店等密集在一起，这里被称为韩国时尚流行的中心，可以买到许多质量上乘的品牌产品。明洞中央路和艺术剧场附近的街区内，汇集了各种品牌的大型化妆品卖场。仅化妆品品牌就达数千种，其中基础护肤品卖场就超过100多个。几乎韩国内所有的化妆品公司都在明洞设有营业处，精通外语的店员和各种外语制作的广告纸随处可见，已经成为明洞独有的风景线。

明洞专卖店产品最全，赠品更多，买得多的话（3万韩元以上）可以要退税单，走时到机场退税，不过退的是韩元，带回国内兑换人民币会比较亏，最好能在机场免税店花掉。

境内免税店

在韩国，最大的免税店当属新罗免税店和乐天免税店。韩国免税店里的产品价格跟国内市场的销售价格相比，可以用天壤之别来形容，尤其是到新罗免税店。为什么特别提到新罗免税店呢？第一，去新罗免税店就能用护照申请会员卡，可以享受5%—15%的折扣；第二，新罗免税店经常举办打折促销活动，或是赠送相当于人民币几十元甚至上百元的购物券等，最后的结算价格会比其他免税店的价格便宜很多。新罗免税店官网随时会有最新的优惠活动信息，如果要去韩国，可以提前多多关注。

在免税店购买韩国本土化妆品可以直接退税，并且不需要去机场取货，这对在韩国生活的外国人来说是一件非常好的政策，这样不用在回国的时候才能买，随时有需要都可以来买。

韩国本土化妆品，除个别如雪花秀之类的高档品牌外，基本在免税店用美元计算购买价，会比在韩国境内购买价还要稍微高些，当然高档品牌在免税店购买价格会有些优惠，不过基本没有赠品赠送，算起来价格差别也不会特别大，所以想要购买韩国本土的化妆品，还是建议境内购买。

香港购买化妆品省钱攻略

因为免税，香港一些化妆品甚至比原产地更加便宜。有经验的人都知道，其实春节前并不是到香港购物的最佳时机，因为他们更重视圣诞节，绝大多数特惠套装早在12月中旬就开始推出，但每年2月却是扫折扣尾货的好时机，所以可以选择在2月前后赶到香港购物。

香港著名的化妆品选购地介绍

龙城大药房

龙城大药房位于尖沙咀加连威老道，是一家40年的老店，店内除了售卖各种药品外，也售卖各种不同品牌的化妆品，产品种类非常丰富，从欧美到日韩系的基本都有，还能买到一些便宜又好用的港产本地货！而国内大热的兰蔻在龙城实在太便宜了！一瓶400ml的洗面奶和400ml的爽肤水，才不到200元，而专柜同款产品200ml就要200多元。

对比大型化妆品连锁店Sasa莎莎和卓悦，龙城大药房显得像一个隐世高手，昏沉的灯光，破旧的装潢，跟化妆品的一贯高大上的形象背道而驰，它的唯一也是绝对的优点就是便宜，比Sasa莎莎或卓悦总体价格上还要便宜一成到二成，可以说龙城大药房是香港化妆品店中的奥特莱斯。所以建议大家去香港，不要一去就进Sasa莎莎或卓悦，应该多看看，多比较！需要注意的是，龙城大药房不能刷卡，信用卡也不能，只接受港币，请大家备足港币现金。

总体来说，龙城大药房跟国内20世纪80年代的国营小铺一样，服务员的态度都很生硬，货品杂乱无章地散落在店内的各个角落，游客们像探宝似的挖掘便宜货。看来要想省钱，是要有所付出了。

Sasa莎莎

亚洲知名的护肤、彩妆、香水、美容、美体及保健品零售商， 荟萃数百个全球畅销美容品牌。Sasa莎莎每个店面虽然不大，但化妆用品超全，价格上比专柜要便宜，比龙城大药房贵一点。通常，Sasa莎莎店里有两种货品摆放的方式，国际知名品牌的化妆品会设有专门的货架，一般都会按照品牌归类摆放在店里靠墙的位置。其他小牌的化妆品会按照功能排列，如眼影、眼线笔、唇膏之类的，都会分类摆放，方便寻找。

Sasa莎莎最大的优势是店多，在香港很多地方都有店铺，只要在市中心，基本上每50米就一家店铺，尤其是旺角，几乎一眼望去，到处都是Sasa莎莎。香港每家Sasa莎莎的产品也是有差别的，一定要选择门面大，装修漂亮的Sasa莎莎，那里的服务好，产品日期新鲜，送小样也很大方；或者选择位置较偏的店，可以讨价还价，如买1万的货品，赠送几十支小样都是极有可能的事情。

Sasa莎莎独家代理的品牌，常年有买一送一的活动，非常给力。另外，Sasa莎莎门口经常会有些抵用券，用这个券买上面指定的商品，就可以便宜一点点。

贝佳斯的绿泥在国内现在很火，很多姐妹到香港必买绿泥，买绿泥一定要去Sasa莎莎！绿泥在香港专柜的价格是370港币（500g），但是Sasa莎莎是打对折的，185港币500g，实在是很划算呢，但是需要注意的是，买之前先询问售货员生产日期，莎莎虽说不会卖假货，但是快过期的货就不一定了。

卓悦

卓悦和Sasa莎莎常常毗邻开店，店铺也是随处可见，而且很多是两两相邻。卓悦店面狭小，货品陈设杂乱，但有些品牌价格比Sasa莎莎便宜，卓悦每周都有特价的货品，之所以便宜是因为它是免税店。它主要卖的都是小牌一点的产品，有点像明星会。卓悦的香水是最便宜的，尤其是试用装的香水更是便宜，比Sasa莎莎便宜很多，对于喜欢尝试各种味道香水的人，卓悦是值得推荐的一个地方。卓悦还有一大特色就是有很多中小样化妆品销售，价格也比较划算。另外，一些名牌的低端产品，像洗面奶、护手霜、唇膏、沐浴露、洗发精，价格便宜得惊人！一些比较小众的欧美品牌在卓悦也可以买到，价格也很便宜。

卓悦的每一家店铺的东西还略有不同，尖沙咀卓悦店铺的品种最多最全。去卓悦一定要买伊丽莎白·雅顿！因为卓越是伊丽莎白·雅顿在香港的总经销商，所以卓悦店里的价格绝对是最便宜的，曾经在卓悦看到过伊丽莎白·雅顿的一瓶爽肤水，国内卖185元，卓悦才卖75元。

卓悦和Sasa莎莎都可以刷卡，建议大家刷银联卡，比刷Visa或者Master 卡划算很多，因为刷后两者，要先兑换成美元再换成人民币，这样换来换去，就把你的钱换少啦。

屈臣氏

屈臣氏是香港比较大的日用百货药品化妆品连锁店。但是它售卖的化妆品并不算多，因为毕竟不是化妆品专卖门。店内化妆品主要销售中低端品牌，如Maybelline、Revlon、L’Oreal、Olay、Pond’s等。在屈臣氏，人民币和港币汇率1：1，还可以打9折。这样算下来就和Sasa莎莎的价格差不多。大热的美即面膜在屈臣氏也有销售，价格是9.9港币一片，虽说价格和内地相差无几，但是现在港币贬值，9.9港币只有9元人民币了，还是比内地便宜了一块钱，如果你是一块钱都想省的话，在香港的时候顺便扫一堆美即也是不错的。但切记美即只有在屈臣氏购买最划算，因为其他地方都是16元一片。

万宁

万宁和屈臣氏一样，也是香港比较大的日用百货药品化妆品连锁店。万宁在香港也是到处可见，分店超级多，价格也还可以，店内的洗发水和沐浴露真心便宜！都是1000ml装的，有些还会再加送一瓶，价格算下来跟国内400ml的差不多，而且质量也很好！万宁的价格总体要比Sasa莎莎和卓悦贵点，不过万宁的环境相比Sasa莎莎和卓悦更宽敞整洁，感觉里面没那么乱，货品摆放整洁，收银员热情，门口都是摆放打折的产品，偶尔还是能淘到一些便宜货。

卡莱美

卡莱美名气没有Sasa莎莎和卓悦那么大，分店的数量也没有Sasa莎莎和卓悦那么多，但是从2004年至今，卡莱美在香港和澳门总共有40家分店。卡莱美的经营理念是希望面向更多年轻的顾客，商品种类同样包括各种彩妆、护肤品、美发、个人护理和一些时尚用品。尽管卡莱美的商品种类没有Sasa莎莎或卓悦那么多，但是你有时候可以在这里找到更加优惠的价格。

DFS环球免税店

去香港购物，当然不要错过DFS环球免税店。DFS环球免税店是游客购买世界顶级品牌商品的购物天堂。在香港，DFS环球免税店设有三家店，分别是新太阳广场店、华懋广场店和香港国际机场店。在DFS全球免税店，可以买到世界顶尖品牌的美容化妆品、奢侈精品和华贵皮具及服饰。由于授予免税的特殊权益后，DFS商品的售价往往低于其他专柜的价格，也使得其成为游客们向往的购物圣地。对于销售的货品，除了本身免税的优惠外，DFS还提供了折扣卡，让消费者享受折上折的优惠。但DFS的价格比国内的上海浦东日上免税店以及香港的龙城药店和卓悦都贵，即使DFS打折后，也没有优势。DFS在化妆品销售上的优势是货品种类比较全，顾客可挑选的余地比较大，购物环境非常好。

海港城

在香港买东西，懒人们一定很喜欢海港城，因为商店非常集中，尤其是著名的连卡佛和FACESS，两相比较，会发现连卡佛的高端护肤品牌十分齐全，而FACESS的专业彩妆则应有尽有。在连卡佛，所有主流的护肤品都有专柜，特别是各国的高端牌子，像西班牙的Natura Bisse、美国的ULTIMA Ⅱ、瑞士的La Prairie、法国的Chantecaille、日本的CPB等。连卡佛中的化妆品品牌经常会有8折促销的活动，偶然也会出现7折优惠。对面的FACESS，彩妆新品是其主打主题，如Bloom、Lola、Nars、Benefit、Smashbox、Paul & Joe，还有像Make Up For Ever、MAC、Bobbi Brown等比较常规的牌子。除了两大商场之外，一些自然派的品牌专卖店也在海港城里扎堆，比如LUSH、L'occitane、The Body Shop等。

海港城还有另外一个购买化妆品的好去处，就是JOYCE BEAUTY。JOYCE BEAUTY是一个以代理销售高端时尚产品为主的经销商，它引进的品牌，基本上不会是那种特别受大众追捧，但却具有优良品质并在小众范围内有着良好口碑的品牌，既有百年老店，也有新晋奇葩，但是它的牌子在国内，是比较鲜为人知的，如Chantecaille、Karin Herzog、Revive、Dr.Hauschka、Sjal、N.V. Perricone、Aesop、Annick Goutal、Elemis、Biologique Recherche、Barielle、EVE LO、Dr.Sebagh以及Z.Bigatti等。这些品牌虽然比较小众，但却有许多网上非常热门的口碑产品。

亚洲机场免税店购买化妆品省钱攻略

对于大多数国人来说，机场免税店的概念并不十分清晰，以为免税了，机场里面什么都会比外面的便宜。可当回国后细心比较，发现并不是全部商品都便宜，难免大呼吃亏，白白浪费了一次出境的机会。

那么，在机场免税店购物有哪些窍门需要注意？各大国际机场有哪些商品便宜？机场免税店又能提供什么贴心的特别服务？不妨来学习一下机场免税店购物的实用攻略吧。

一般来说，各地机场免税店接受的货币为当地货币、欧元和美元，但是汇率较不划算，找零只用当地货币，所以消费时用信用卡结账比较划算。最好是能用相对应的币种外币卡，尽量避免欧元区刷美元卡，那样能省却手续费。

每家航空公司的国际航班上，都会有空中免税店，有时候价格非常实惠，但产品数量都很少，有兴趣的朋友可提前上航空公司的网站浏览其空中免税店目录。有不少航空公司还提供预订服务，只要填好预订表格（包括产品名称、数量、航班号），并用信用卡付款，免税商品就会在你搭乘航班时送到你手上。

机场并没有发行所谓的购物贵宾卡，但某些国际机场的免税店，会针对不同发行机构的信用卡，开展购物打折优惠。所以出发前，多上网查看机场的主页，留心相关的优惠信息。把银联、Master、Visa等主要发卡机构标志的信用卡各带一张在身上，准没错。

在机场买商品，很多人都以为是一锤子买卖，买贵了，吃个哑巴亏就算了。其实不然，在首都国际机场、香港国际机场和新加坡樟宜国际机场有很多品牌专卖店，如果发现机场店价格比市区专卖店贵，可以在购物起15天内，对差价部分要求机场双倍返还。

在全球大多数的大机场免税店内，当你购物超出手提行李重量时，免税店可以免费帮你办理托运手续，这一贴心服务大大方便了你的购物体验。

亚洲机场免税店购物优势

1. 北京首都国际机场

北京首都国际机场免税店的化妆品基本上是全国机场中最便宜的，差不多是国内专柜的5—9折，其中7—8折的居多。礼盒套装最合算，有时能到5折以下，绝大多数热卖的化妆品日期都比专柜新。免税店购买化妆品的赠品也和国内专柜差不多，买够多少，送一定的赠品。另外，机场会提供特别的出港购物寄存服务，让你可以在出国前先在免税店购买商品，回国时再提货，十分人性化。

2. 上海浦东国际机场

上海浦东国际机场免税店和首都国际机场免税店是同一个集团经营，所以购物优势相近，Chanel，Lancome，Estee Lauder产品的价格可能是亚洲最低的。同时也提供出港购物寄存服务。

3. 香港国际机场

香港国际机场免税店的商店特别多，大品牌商品多，但化妆品的优惠比不上北京和上海的国际机场，同样有出港购物寄存的服务。如果从香港国际机场乘快船至深圳，回程也有免税店供选择。

4. 新加坡樟宜国际机场

免税店里经常会举办一些促销活动，诸如买三件以上打九五折之类的。总体感觉比香港贵，化妆品限量套装价格划算。如果逛累了，还可以直接到SPA服务中心休息。

5. 韩国首尔仁川国际机场

免税店最值得购买的当然是韩系化妆品和护肤品，有的店家对于刷Master卡的顾客还可以额外打9折的优惠。

6. 迪拜国际机场

免税店的优势在于24小时营业，聚集了全世界非常多的名品化妆品，而价格相对较低，并常有超值礼品赠送。休息专区还配有宽敞舒适的大沙发，餐饮区像国宴礼堂，提供25种风格的饮食。最贴心的是，在迪拜机场还有很多中国售货员，所以外语不好也大可不必担心。

海淘购买化妆品省钱攻略

现在越来越多地听到关于海淘的谈论，“海淘”，即直接通过海外网站购物，主要环节包括淘货、支付、转运。其中淘货靠浏览国外网站，需要一些翻译工具或英语基础；支付需要双币信用卡，同时又有返利等技巧；转运有亲朋捎带、自己注册转运公司等途径，大部分海淘都指需要自己注册转运公司的方式。海淘的好处：第一，可以在家逛国际商店，订货不受时间、地点的限制；第二，获得较大量的国际商品信息，可以买到国内没有的商品；第三，海外购物网站上的商品价格比国内专柜商品价格便宜很多，且海外购物网站经常会有打折促销活动；第四，随着人民币的升值，人民币的购买力增强；第五，国内的奢侈品市场假货充斥，担心买到假货，而在海外购物网站上的商品基本无须担心假货的问题，可以放心购买。

所以，如果你是身居国内但不喜欢淘宝，想要海外直达又不想找代购，有一张Visa或Master的信用卡或者有Paypal账户，愿意支付邮费。那么，就放心海淘吧。

想要海淘化妆品，一定要做足准备功课，这

样才能买到便宜又实惠的产品。下面就为大家介绍一些全球主流的化妆品海淘网站及海淘技巧。

美国常见知名化妆品购物网站

在美国海淘化妆品，部分品牌官网不支持非本国信用卡，砍单（本来你预定的货品，到时间应该拿到的东西，由于某种原因卖家不能把东西给你，直接取消订单，即为砍单）率非常高。所以购买化妆品的渠道以综合商城为主，如：亚马逊（Amazon）、内曼·马库斯（Neiman Marcus）、萨克斯第五大道（Saks Fifth Avenue）、诺德斯特龙（Nordstrom）、梅西百货（Macy's）等。

Amazon（亚马逊）

http：//www.amazon.com/

网站介绍：Amazon（亚马逊）是世界上最大的网上商店，亚马逊及其销售商为客户提供数千万种独特的全新、翻新以及二手商品，如美容、健康、个人护理用品及其他生活用品等。产品有自营和第三方。自营的商品一般都有质量保证，而第三方的建议谨慎购买。

提示：支持转运和直邮，对信用卡种类要求比较宽松，基本不会砍单

Beauty

http：//www.beauty.com/

网站介绍：是一家销售化妆品的网站，汇集了众多知名品牌。 Beauty.com是Drugstore旗下的美妆B2C，隶属于同一个公司，和Drugstore的账户可以通用，两个网站可以同下一单。品牌比较全面，不定期会举办优惠活动，新人第一次购买享受10%-50%的优惠，支持返利。经常会有8折促销及满赠送礼包的活动。

提示：支持直邮和转运，支持国内信用卡

NeimanMarcus（内曼·马库斯）

http：//www.neimanmarcus.com/

网站介绍：以经营奢侈品为主的连锁高端百货商店，美国资历最老的奢侈品百货公司，化妆品品牌丰富，包括La Mer等顶级护肤品也在这里销售。经常会有清仓活动或者满额送礼包/礼卡，常见的活动是满多少送电子giftcard，如满200美元送25美元、满1000美元送200美元之类的电子购物卡，或者满100美元送小样大礼包。

提示：支持转运，支持国内信用卡

Saks Fifth Avenue（萨克斯第五大道）

http：//www.saksfifthavenue.com/

网站介绍：Saks Fifth Avenue综合购物网站，同样属于美国顶级百货公司，全球拥有50多家店面，常年会有大品牌打折，种类非常丰富，并且一些比较不常见的化妆品品牌也可以找到。不过因为邮费一般要满150美元才免邮。新人可以有9折优惠，需使用code，这个code 是全场可用，但是一般是1个月的有效期。

提示：支持转运，支持国内信用卡

Nordstrom（诺德斯特龙）

http：//shop.nordstrom.com/

网站介绍：Nordstrom是美国高档百货网站，基本包括了所有在中国专柜里的品牌，Lancome、Estee Lauder、La Mer等都有，当然还有衣服及配饰等。举办活动的时候力度还是比较大的，经常会有买赠活动或者免邮费活动，品牌促销力度毫不亚于官网。

提示：支持转运，支持国内信用卡

Macy's（梅西百货）

http：//www.macys.com/

网站介绍：梅西百货，美国著名的连锁百货公司，其旗舰店位于纽约市海诺德广场（Herald Square），号称是“世界最大商店”。主要经营服装、鞋帽、化妆品和家庭装饰品，在美国和世界有很高的知名度。经常会有化妆品促销活动，活动力度很给力，购买很划算。

提示：支持转运，不支持国内信用卡，砍单严重

Sephora（丝芙兰）

http：//www.sephora.com/

网站介绍：欧洲领先的化妆品零售商，被誉为化妆殿堂和世界最美丽的化妆品专卖店。涵盖国际一线美容品牌，包括：Dior、Lancome、Estee Lauder、Clinique、Biotherm等独家发售品牌和Sephora自有品牌。在全球拥有200多家连锁店和超过250种化妆品牌的产品。在一个自然季度刷满350美元可以成为VIP客户，成为VIP客户后每年有2次VIP8折特惠。经常会有豪华样品或者样品套装赠送。

提示：支持转运，支持国内信用卡，连续下单次数过多，或者一次下单金额过大会出现砍单，被砍单可以换转运地址

BG（古德曼）

http：//www.bergdorfgoodman.com/

网站介绍：美国著名的时尚传统百货公司，集世界首席设计师之名牌于一堂，囊括了全世界极度罕见的奢侈品，任何天价新品，都会先在这里亮相。一年一般至少1次以上的满减活动，经常会有满多少送电子giftcard的活动，还可以满额送小样的礼包，直接减去金额并且与礼包可以叠加。

提示：支持转运，支持国内双币信用卡

Skinstore（致美）

http：//www.skinstore.com/

网站介绍：全球最大化妆品零售网站，其化妆品系列包括护肤、彩妆、洗发护发、身体、母婴、工具、香水、美齿等。销售超过200个品牌5000多个知名产品，品牌档次跨度很大，从Olay到Z.Biagtti都齐全。Skinstore主要还是以药妆

出名，而且经常是8折促销。

提示：支持直邮，支持国内信用卡

Spalook

http：//www.spalook.com/

网站介绍：著名的SPA产品销售网站，几乎囊括所有护理系列产品，美国线上最受信任的美肤产品零售商之一。起步于水疗护理产品，专门销售高端护理品牌，提供3500多件不同商品。经常有8折优惠或者满200送50美元的活动。

提示：支持直邮，支持国内信用卡

英国常见知名护肤品购物网站

英淘最近在论坛里热起来了，英国护肤品网站最吸人的地方主要有三点：

1. 可以直邮。对比大部分美国网站要转运的麻烦，英国网站直邮可以让人省心不少，而且英国直邮网站基本都是走邮局这条线，大大降低了被税的概率。只要你一单不超过100磅，包裹不是很大，基本不存在被税的可能性。

2. 可以免邮。英国网站很多都直接免邮，或者是满多少免邮。这点也是很吸引人的。现在美淘的运费越来越贵，虽然有些东西可能美国更便宜，但是加上运费的话，还是英国划算点。特别是运输洗发水、沐浴液等较重的产品时，英国免邮的优势一下子就出来了。

3. 较大的折扣。英国网站打起折来一点也不逊色于美国网站，很多品牌经常会有7折、6折的促销活动，赠送的礼品也很诱人。

Feelunique

http：//www.feelunique.com/

网站介绍：Feelunique是英国非常有名的一家美容用品网站，大部分的美容护肤用品都能在他家找到，而且他家是不论买多少都可以全球免邮的，走的又是邮局这条路线，大大降低了被税的概率，这点无疑是他最吸引人的地方了。虽然许多热门品牌如Lancome、L' OCCITANE等受到限制，不能直邮到中国。但是他家还是有不少品牌值得购买，比如Nuxe、Melvita、Dr. Hauschka、Elemis、Comvita等。Feelunique还新开了一个outlet频道，里面千种单品抄底折扣80%off，有CK、Hugo Boss、Burberry等众多知名品牌。

feelunique经常会有满25英镑送3小样的活动。新人被邀请可以享受9折优惠。

提示：支持直邮，支持国内信用卡

Lookfantastic

www.lookfantastic.com

网站介绍：化妆品种类丰富，各种大众的、小众的、高端的品牌都能找得到，有很大的选择性。当然以欧洲的品牌居多，并且植物系产品也占了很大的比例。很多Feeluniqu不能直邮的化妆品品牌，Lookfantastic都能直邮。8.5折的折扣是很常见的，尤其是季末活动，经常是7.5折起，满50英镑，再打9折，折扣力度很大。新人被邀请可以享受9折优惠。

提示：支持直邮，支持双币卡信用卡，不过要支付1%–2%美元转英镑的手续费，根据发卡行决定

Beauty Expert

http：//www.Beautyexpert.co.uk/

网站介绍：Beauty Expert是英国最近几年比较火的几大护肤品购物网站之一，产品品牌和种类非常齐全，还经常有诱人的折扣推出，Beauty Expert网站所销售的商品种类涵盖了基础的皮肤护理、彩妆产品、洗发护发产品等。很多Feelunique网站不能直邮的品牌，Beauty Expert都能直邮。经常有8折、8.5折的促销活动，以及买赠的活动。新人被邀请可以享受9折优惠。享受全球免邮。

提示：支持直邮，支持国内信用卡

Hqhair

http：//www.Hqhair.com/

网站介绍：Hqhair是英国著名的三大美妆网站之一，是英国著名网上零售公司The Hut集团旗下的美容护理网站。Hqhair网站的化妆品品牌的产品线比较丰富，比较热门的商品都有，比如Moroccanoil的发油洗护、Caudalie的皇后水、Bliss的瘦身霜等。网站支持直邮中国，只是不同时期免费直邮政策不一样，有时候无最低要求，有时候则要求购物满50英磅免费。

提示：支持直邮，支持国内信用卡，还可以使用支付宝付款

Beautybay

http：//www.Beautybay.com/

网站介绍：英国化妆品网络零售商，面向全球客户销售世界顶级品牌产品。产品种类涵盖美容护肤、头发护理、指甲护理和美容工具等。很多欧洲有机护肤品牌，基本上热门冷门、大大小小的品牌都能兼顾到，尤其是热门的化妆品品牌Paul&Joe产品比较全，而且价格比香港买还划算，享受全球免邮。

提示：支持直邮，支持国内信用卡

Cheapsmells

http：// www. Cheapsmells.com /

网站介绍：主要以香水为主，经常会有一些品牌做活动，如Decleor、碧欧泉等品牌活动，很多产品半价销售，真心划算。满50英磅全球免邮。

提示：支持直邮，支持国内信用卡

Escentual

http：//www. escentual .com/

网站介绍：Escentual是淘药妆的好地方，Escentual法国药妆比较全，经常6–7折，每年都会有2–3次，这时候入手简直是白菜价。有Avene、

Caudalie、Vichy、La Roche-Posay、Nuxe、A-Derma、Klorane、Rene Furterer、Pierre Fabre等药妆品牌。能全球直邮，运费2.95英镑。

提示：支持直邮，支持国内信用卡

其他海淘化妆品网站介绍

法国海淘化妆品网站

http：//www.paraleader.com/

http：//www.jevais-mieuxmerci.com/

http：//www.greenweez.com/

http：//www.parapharmadirect.com/

http：//www.lecomptoirsante.com/

http：//www.powersante.com/

以上为日用品类网站。

http：//www.observatoiredescos-metiques.com/

法国有机护肤品质网站。

德国海淘化妆品网站

http：//www.douglas.de/douglas/

和丝芙兰差不多，25欧元以上免邮费。

http：//www.lush-shop.de/

化妆品网站，涵盖彩妆、护肤、身体、美发。

http：//www.eu-versandapotheke.com/

德国网上药店，出售化妆品。

https：//www.juvalis.de/

德国网上廉价药店，出售化妆品。

日本海淘化妆品网站

http：//www.rakuten.co.jp/

日本的乐天商城网站。

http：//www.cos-me.net/

日本最大美容综合网站。

http：//shopping.yahoo.co.jp/

雅虎商城，日本综合类的网上商城。

http：//www.cos-me.net/

日本最大化妆品导购网站。

韩国海淘化妆品网站

http：//www.gmarket.co.kr/

韩国最大购物网站，类似中国的淘宝，现在已经开通中国版了，EMS也可以直邮到中国。

海淘化妆品一定要知道的单词

1. promotion code 促销代码。一般有活动的时候需要自己在结账页面输入promotion code才可以拿到赠品或者免运费。

2. gift with purchase （GWP）买赠，或者说是满额赠。常常是买够多少美元，就可以拿个礼包，里面有好几个小样之类的赠品。

3. giftcard 购物卡。常常是满多少美元，在交易完成几周之后送个多少美元的电子购物卡给你，让你下次买东西用。

海淘省钱5诀窍

海淘想要更省钱，有些窍门你一定要知

道，这会有助于你顺利“出海”成功！

1. 优惠信息多关注

实时了解各家海外网站的最新折扣、优惠信息，才能让自己买到更经济实惠的宝贝。方法有很多。例如，关注各个“海淘”论坛网站，如“海淘之家”“爱海淘”论坛等，会随时将各大网站上的优惠活动及时更新，还有那些公布海外网站优惠信息的微博，稍微搜索一下，就会发现同类型的微博有很多，每天浏览几次，大部分的信息都可以掌握了。此外，对于自己特别喜爱的品牌或是综合型网站，还可以在注册成会员时申请获得最新优惠的邮件通知。这样，每天打开邮箱就能关注，同样很方便。

2. 比价网站好助手

比价网站，汇集了所有主流网上商城的报价、促销、抢购、团购信息。同样商品，在不同网站购买，价格会有差异。比如，同样一瓶原价19.95美元的ChildLife橙味液体钙，在Drugstore上的促销价格为14.99美元，在Amazon上需要15.32美元；一罐113克的加州宝宝金盏花霜（California Baby Calendula Cream），在Drugstore上售价21.99美元，在Amazon上就需要30.48美元。加上不同网站运费的差异（直邮与转运在成本上往往高低不一），因此，要花尽可能少的成本买到同样品质的货品可得好好比较比较。而这一过程对大多数海淘族来说是一种乐趣与享受。

3. 返利网站常使用

通过返利网站购物，一般会将购物金额的6%–15%返还到你的账户中。常用的“海淘”返利网站有“Ebates”“Extrabux”和“Mr.Rebates”，这三个返利网涵盖美国1000多家网站，只要注册就会赠送5美元。

4. 高级转运会员，转运费更优惠

自海关新政公布以来，不少转运公司都对运费进行了提高，有些涨幅接近一倍。不过，一些转运公司针对高级会员的运输价格仍是较低的。如某快递规定，高级会员A类商品首磅运费4美元，较普通会员7美元，优惠了3美元，而续磅则只需每磅3美元，也较普通会员的每磅4美元便宜一些。

5. “伙拼”海淘更经济

当你想在官网上买50美元的衣服，可只有消费满100美元，方可享受额外8折优惠时，你可以寻找朋友一起“伙拼”海淘，这样大家都可以享受到优质的产品与优惠的价格。

图书在版编目（CIP）数据

关于护肤，你应该知道的一切 / 宋丽晅，胡晓萍著．—南京：译林出版社，2016.2

ISBN 978-7-5447-5970-0

Ⅰ．①关…　Ⅱ．①宋…　②胡…　Ⅲ．①女性－皮肤－护理－基本知识　Ⅳ．①TS974.1

中国版本图书馆CIP数据核字（2015）第271008号

书　　名　关于护肤，你应该知道的一切
作　　者　宋丽晅　胡晓萍
责任编辑　陆元昶
特约编辑　陈思华
出版发行　凤凰出版传媒股份有限公司
　　　　　　译林出版社
出版社地址　南京市湖南路1号A楼，邮编：210009
电子邮箱　yilin@yilin.com
出版社网址　http://www.yilin.com
印　　刷　三河市华润印刷有限公司
开　　本　710×1000毫米　1/16
印　　张　17
字　　数　152千字
版　　次　2016年2月第1版　2018年6月第2次印刷
书　　号　ISBN 978-7-5447-5970-0
定　　价　36.00元